四川省产教融合示范项目系列教材

鲁棒自适应信号处理

赵海全 ◎ 编 著

西南交通大学出版社
· 成 都 ·

图书在版编目（CIP）数据

鲁棒自适应信号处理 / 赵海全编著. --成都：西南交通大学出版社，2023.12

四川省产教融合示范项目系列教材

ISBN 978-7-5643-9639-8

Ⅰ. ①鲁… Ⅱ. ①赵… Ⅲ. ①鲁棒控制－自适应性－信号处理－教材 Ⅳ. ①TN911.7

中国国家版本馆 CIP 数据核字（2023）第 250734 号

四川省产教融合示范项目系列教材

Lubang Zishiying Xinhao Chuli

鲁棒自适应信号处理

赵海全　**编著**

责任编辑　孟秀芝
封面设计　吴　兵

出版发行　西南交通大学出版社
（四川省成都市金牛区二环路北一段 111 号
西南交通大学创新大厦 21 楼）
邮政编码　610031
营销部电话　028-87600564　028-87600533
网址　http://www.xnjdcbs.com
印刷　四川森林印务有限责任公司

成品尺寸　185 mm × 260 mm
印张　8.5
字数　212 千
版次　2023 年 12 月第 1 版
印次　2023 年 12 月第 1 次
定价　28.00 元
书号　ISBN 978-7-5643-9639-8

课件咨询电话：028-81435775
图书如有印装质量问题　本社负责退换

PREFACE 序言

作为现代信号处理理论的一个重要组成部分，自适应滤波器具有不需要任何输入信号的先验知识，能够在未知环境中有效工作，并能够实时跟踪输入信号的时变特征等独特优点，已经在电子通信、电力、生物医学等领域得到了广泛应用。随着微电子和超大规模集成电路技术的发展，作为一种有效的信号处理设计和分析工具，自适应滤波理论将继续为下一代通信系统和工程应用领域的发展发挥重要作用。传统的自适应滤波模型仅考虑期望信号被高斯噪声污染的情况，事实上，在实际系统中，期望信号往往被非高斯噪声（如冲击噪声等）等干扰；此外，输入信号含噪的情况也是存在的（通常由测量误差、仪器误差、热噪声等因素导致）。这些情况均会对自适应滤波器的性能产生重要的影响，甚至导致自适应滤波器不能正常工作。近年来，分布式自适应算法由于其简单的结构和优异的性能得到了研究人员的广泛关注，并已应用于生物过程建模（如鸟类迁徙）、目标跟踪定位、火灾监测、认知无线电频谱感知等领域。然而，它同样存在冲击噪声对算法性能产生负面影响的情况。因此，考虑到冲击噪声在实际应用中广泛存在以及对滤波算法性能的重要影响，对鲁棒自适应滤波算法开展研究是十分必要的，并具有重要的研究价值和应用潜力。

本书旨在提升自适应滤波算法在冲击噪声环境下的鲁棒性，其主要原理是利用一些误差非线性函数的饱和特性对冲击噪声导致的大幅值误差信号进行抑制。此外，书中还介绍了抗冲击噪声的鲁棒分布式自适应算法。具体内容主要包括：代价函数的设计，更新公式的推导，算法稳定性分析，瞬态和稳态收敛性能分析以及算法性能的计算机仿真验证［测试实例有系统辨识、主动噪声控制（active noise control，ANC）以及声学回声消除（acoustic echo cancellation，AEC）］。

本书的主要读者对象是信号处理方向的高年级本科生、硕士研究生以及博士研究生。此外，本书也适合对自适应信号处理算法感兴趣的软硬件信号处理工程师。书中的算法性能分析部分将为研究生和其他研究人员探索更加复杂的自适应系统提供基础的研究方法和理论指导。主要章节的内容介绍如下：

第 1 章简单介绍了本书所介绍算法的研究背景和意义、EIV 模型、滤波算法设计中常用的冲击噪声模型以及误差非线性函数。

第 2 章以 ANC 为应用背景，介绍了一种基于最大相关熵准则（maximum correntropy criterion，MCC）的递归最小二乘（recursive least square，RLS）算法，分析了其稳定性并测试了其在冲击噪声环境下的 ANC 性能。

第 3 章介绍了几种鲁棒 TLS 算法，这些算法是在 TLS 算法的基础上分别引入 M 估计函数、对数函数、广义最大相关熵函数和双曲正割（hyperbolic secant）函数推导得到的，同时，还分析了这些算法的局部稳定性和稳态性能，通过冲击噪声下的 EIV 系统辨识计算机仿真验证了算法的性能。

第 4 章研究了增量型和扩散型鲁棒分布式变步长归一化 LMS（NLMS）算法，分析了这两种算法的稳定性和收敛性能，并给出了算法的一些性质，通过计算机仿真验证了算法的估计性能。

第 5 章介绍了一种鲁棒分布式 RLS 算法，详细解释了它的鲁棒性和跟踪性，并分析了该算法的均方稳态性能。此外，还给出了一种基于二元矢量坐标下降（dichotomous coordinate descent，DCD）法的低计算复杂度改进算法。

第 6 章介绍了一种分布式总体最小均值 M 估计（DTLMM）算法，分析了其局部稳定性、均值和均方收敛性，通过冲击噪声环境下的分布式 EIV 模型参数估计计算机仿真测试了算法的性能。

本书是作者研究团队在国家自然科学基金（项目编号：62171388，61871461，61571374）、四川省产教融合示范项目等的资助下，根据近年来关于鲁棒自适应信号处理理论与方法的最新研究成果汇集而成的。在此，感谢为本书成果辛勤付出的硕士研究生及博士研究生，尤其感谢吕少辉博士在各个章节整理方面的辛苦付出。

赵海全

2023 年 8 月

CONTENTS

目 录

第1章　绪　论

1.1　研究背景及意义

自适应滤波器是现代信号处理领域的一个重要工具，在统计信号处理和非平稳信号处理中得到了广泛研究和应用。自适应滤波器可以在输入信号统计特性未知或时变的情况下，自适应且实时调整滤波器的抽头系数以改变滤波器的传输特性从而适应外部环境的变化，进而实现最优滤波性能。经过数十年的研究，自适应滤波理论逐步完善，并广泛应用于系统辨识、ANC、AEC、波束成形、信道均衡以及电网的频率估计和谐波参数估计[1][2]。

自适应滤波理论最早源于 20 世纪 40 年代，由美国学者维纳首次提出了维纳滤波理论，也称为最佳线性滤波理论。维纳滤波要求输入信号是广义平稳的，且已知输入信号的自相关矩阵以及输入信号与期望信号之间的互相关向量。但在实际应用中，输入信号通常是非平稳的，即其统计特性是时变的，此外，这些统计量可能是未知的，这也导致维纳滤波器难以得到实际应用。随后，自适应滤波器被提出，其基本原理是依据某种优化准则，如最小均方误差（minimum mean square error，MMSE）、最小二乘（least square，LS）和优化方法，推导自适应算法实时更新滤波器的抽头系数，从而使自适应滤波器收敛到最优维纳解。自适应滤波器可以在平稳或非平稳环境下跟踪输入信号及期望信号的时变统计量，从而适用于现实中复杂的工作环境，因此，自适应滤波器从提出以后得到了学界的广泛研究。

本书不考虑滤波器的结构设计，默认采用有限冲激响应（finite impulse response，FIR）滤波器。自适应算法是自适应滤波器的核心，经典的自适应算法有最小均方（least mean square，LMS）算法、递归最小二乘（recursive least squares，RLS）算法、仿射投影（affine projection，AP）算法、子带自适应滤波（subband adaptive filtering，SAF）算法以及这些算法在不同复杂环境下的变体。LMS 算法是最受欢迎的算法之一，这是由于其结构简单，易于实现，并且计算复杂度低。但在相关输入信号，如语音信号下，其收敛速度变慢，这是因为相关输入信号的自相关矩阵具有较大的特征值扩展度。RLS 算法能够克服这一缺陷，因为其具有一定的解相关能力，在相关输入下实现了快收敛速度和低稳态失调，但同时也伴随着较高的计算复杂度，在计算资源稀缺的场景下，RLS 算法的使用将受到限制。基于正交仿射投影原理，AP 算法利用最近 P 个输入信号向量参与算法的权重更新，实现了对相关输入信号的解相关，加快了算法的收敛速度。SAF 算法利用子带分析滤波器对输入信号进行白化处理来实现相关输入信号下算法的快收敛。值得一提的是，基于多带结构的归一化 SAF（normalized SAF，NSAF）算法的计算复杂度接近于 NLMS 算法，这极大地促进了其实际应用。

近二十年来，随着无线传感器网络（wireless sensor network，WSN）技术的不断发展，依托 WSN 的自适应网络也逐渐在多个领域（如生物过程建模、目标跟踪定位、火灾监测、认知无线电频谱感知[3]）受到广泛关注。自适应网络本质上是一个空间协同自适应滤波系统，目的是通过节点本身的自适应以及节点之间的协作实现特定的估计任务，相较于单节点自适应滤波器，自适应网络得益于时空维度的信息融合，从而具有更好的估计性能。具体来说，自适应网络中的每个传感器节点都包含自适应滤波器模块，传感器可以观测特定空间范围内的时间流数据（不同节点观测的数据可能具有不同的统计特征），并与其他节点通过某种通信协议进行信息交换，使得自适应网络能够从丰富的空间和时间数据流中估计出感兴趣的参数向量（在不同的应用下，感兴趣参数向量的物理含义不同）。据已有文献可知，自适应网络估计策略主要有集中式和分布式两种。集中式要求网络的所有节点将观测数据发送给中心节点进行集中处理，显然，该策略通信负担重，且对中心节点故障较为敏感。分布式策略又可以分为增量型、扩散型和一致型[4]-[7]，其中，图 1-1 所示的增量型和扩散型策略因具有独特的结构特点和性能优势而受到研究人员的青睐并得到了深入研究。

图 1-1　增量型和扩散型策略

从图 1-1（a）可以看到，增量型网络要求所有节点组成一个闭合环路，每个节点仅需与其相邻节点进行单向通信进行数据交换，该方案有效降低了网络的通信负担，但其缺点是闭合环路的自组建是一个 NP 难（non-polynomial hard）问题。同时，增量型网络对任一节点或链路的故障均不具备鲁棒性，换句话说，任一节点或链路发生故障都会导致该估计策略失效，在可靠性要求较高的场合，增量型策略并不适用。从图 1-1（b）可以看出，扩散型网络中的每个节点仅需与它的邻居节点进行数据交换，虽然通信负担高于增量型策略，但其实现了对节点或链路故障的鲁棒性，可靠性较高[6]。目前已有文献证明，基于一致型策略的分布式 LMS 算法存在不稳定收敛问题，且其稳定性与网络拓扑结构有关[8]，因此关于该策略的研究较少。简言之，各种估计策略具有不同的优势和劣势，在实际应用中需根据需求选取合适的估计策略才能实现期望的效果。经典的增量型归一化最小均方（incremental normalized least mean squares，INLMS）算法、扩散型最小均方（diffusion least mean squares，DLMS）算法和扩散型递归最小二乘（diffusion recursive least squares，DRLS）算法，均结构简单，性能优异，已经被作为分布式自适应算法中的标准算法。

上述单节点和分布式自适应算法均假设输入信号是准确的，仅期望信号（或称参考信号）被高斯噪声污染，该假设可以简化算法的推导和性能分析。然而在实际应用中，输入信号通常会受到测量误差、仪器误差干扰从而导致输入信号含噪（通常假设输入噪声服从高斯分布），针对输入信号含噪情况下的参数估计问题，学者提出了 EIV 模型[9]。基于 EIV 模型的参数估计是一个重要的研究课题，目前已经取得了一些基础性的研究成果（感兴趣的读者可以参考文献[10]-[12]）。梯度下降总体最小二乘（gradient descent total least squares，GD-TLS）算法因其实时性和稳定性得到了广泛关注。但 GD-TLS 算法假设期望信号仅包含高斯噪声，事实上，非高斯重尾分布噪声（又称冲击噪声）更符合实际情况，这将导致 GD-TLS 算法出现严重的性能退化，因此，如何提高 GD-TLS 算法在冲击噪声环境下的鲁棒性是一个重要的研究课题，近年来，这一课题受到了国内外学者的广泛关注，本书的第 3 章将着重介绍鲁棒 GD-TLS 算法。在自适应网络中，冲击噪声对任一节点的干扰都会导致自适应算法的性能严重退化，这是因为节点间的合作导致冲击噪声的负面影响可以迅速扩散到整个网络。为了提高 ILMS 和 dRLS 算法对冲击噪声的鲁棒性，本书的第 4 章、第 5 章将分别介绍鲁棒增量型变步长 NLMS 算法和鲁棒 dRLS 算法。

1.2 EIV 模型

针对输入含噪的参数估计问题，学者提出了 EIV 模型[9]。图 1-2 和图 1-3 分别给出了一般系统辨识原理图和基于 EIV 模型的系统辨识原理图。二者的区别仅在于滤波器的输入信号是否含噪。

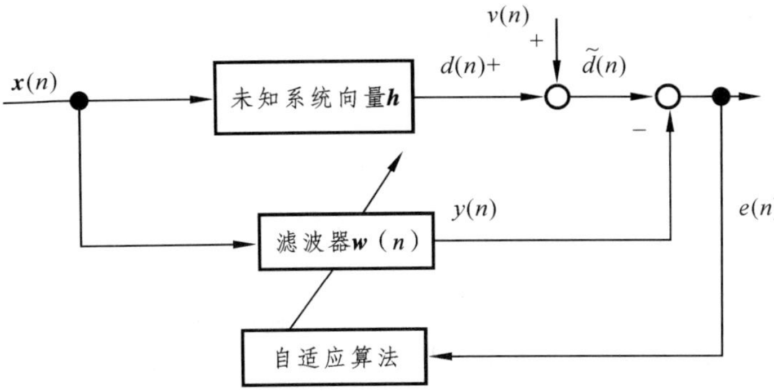

图 1-2　一般系统辨识原理图

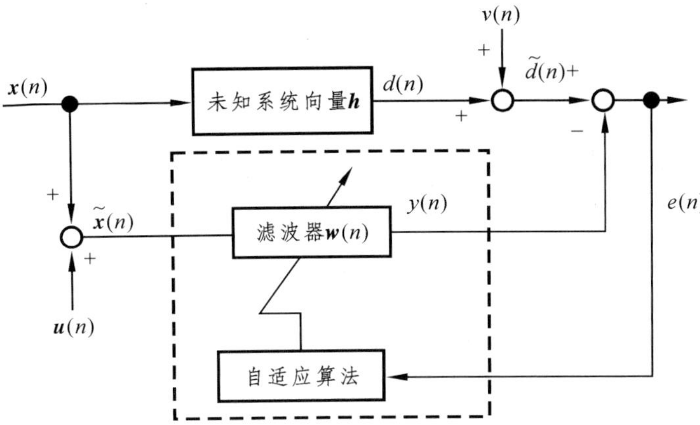

图 1-3　基于 EIV 模型的系统辨识原理图

图中，$\boldsymbol{x}(n)=(x(n),x(n-1),\cdots,x(n-L+1))$ 是未知系统 $\boldsymbol{h}\in\mathbf{R}^{L\times1}$ 在时刻 n 的输入信号向量；L 表示未知系统和滤波器的长度；$y(n)$ 是滤波器的输出信号；$d(n)$ 是未知系统的输出测量信号，其与输入信号满足如下线性关系：

$$d(n)=\boldsymbol{h}^{\mathrm{T}}\boldsymbol{x}(n) \tag{1-1}$$

从图 1-3 中可以看出，滤波器的含噪输入信号 $\tilde{\boldsymbol{x}}(n)$ 和期望信号 $\tilde{d}(n)$ 分别表示为

$$\begin{cases}\tilde{\boldsymbol{x}}(n)=\boldsymbol{x}(n)+\boldsymbol{u}(n)\\ \tilde{d}(n)=d(n)+v(n)\end{cases} \tag{1-2}$$

式中，$\boldsymbol{u}(n)\in\mathbf{R}^{L\times 1}$ 为输入噪声向量，均值为零，协方差矩阵为 $\sigma_i^2\boldsymbol{I}_L$；$v(n)$ 是零均值、方差为 σ_v^2 的输出测量噪声。

1.3 冲击噪声模型

在实际应用中，期望信号中的噪声 $v(n)$ 为冲击噪声，其在时域上表现为稀疏性和较高幅值。目前，自适应滤波算法的开发中常用的冲击噪声模型有 CG 噪声[13]和 Alpha 稳定分布模型[14]。下面详细介绍这两种冲击噪声模型。

1.3.1 CG 噪声模型

CG 噪声模型的数学表达式如下：

$$v(n)=v_b(n)+v_{im}(n) \tag{1-3}$$

式中，$v_b(n)$ 是零均值、方差为 σ_b^2 的高斯背景噪声；$v_{im}(n)$ 是伯努利-高斯（Bernoulli-Gaussian，BG）过程，即 $v_{im}(n)=b(n)v_c(n)$，其模拟冲击噪声，其中 $b(n)$ 称为伯努利过程，其概率质量函数（probability mass function，PMF）为 $P(b(n)=1)=P_r$，$P(b(n)=0)=1-P_r$，P_r 称为冲击噪声发生概率；$v_c(n)$ 是零均值、方差为 σ_c^2 的高斯过程，且满足关系 $\sigma_c^2 >> \sigma_b^2$。根据式（1-3）可以知道，$v(n)$ 的均值为零，方差为 $\sigma_v^2=\sigma_b^2+P_r\sigma_c^2=(1-P_r)\sigma_b^2+P_r\sigma_s^2$，$\sigma_s^2=\sigma_b^2+\sigma_c^2$，其概率密度函数（probability density function，PDF）为

$$f_v(v)=\frac{1-P_r}{\sqrt{2\pi\sigma_b^2}}\exp\left(-\frac{v^2}{2\sigma_b^2}\right)+\frac{P_r}{\sqrt{2\pi\sigma_s^2}}\exp\left(-\frac{v^2}{2\sigma_s^2}\right) \tag{1-4}$$

1.3.2 Alpha 稳定分布模型

Alpha 稳定分布模型的提出是为了模拟音频信号中的异常值[14]，相较于 CG 模型，该模型没有显式的 PDF 表达式，通常由特征函数 $\varphi(t)$ 来表征其特性，如

$$\varphi(t)=\exp[\mathrm{j}\lambda t-\gamma|t|^{\alpha}(1+\mathrm{j}\beta\operatorname{sign}(t)\omega(t,\alpha))] \tag{1-5}$$

其中

$$\omega(t,\alpha)=\begin{cases}\tan\dfrac{\alpha\pi}{2}, & \alpha\neq 1\\ \dfrac{2}{\pi}\ln|t|, & \alpha=1\end{cases}$$

$$\text{sign}(t)=\begin{cases}1, & t>0\\ 0, & t=0\\ -1, & t<0\end{cases}$$

Alpha 稳定分布模型中的 4 个关键参数 $\{\alpha,\beta,\lambda,\gamma\}$ 决定了其概率分布特性：

（1）$\alpha(0<\alpha\leqslant 2)$ 称为特征指数。α 越小，随机变量的 PDF 尾部越厚，换句话说，冲击噪声发生的可能性越高；反之，PDF 尾部越薄，Alpha 稳定分布越接近于高斯分布。

（2）$\beta(-1\leqslant\beta\leqslant 1)$ 称为对称指数因子。当 $\beta=0$ 时，随机变量围绕位置参数 λ 呈对称分布。

（3）$\lambda(-\infty<\lambda<+\infty)$ 称为位置参数。当 $1<\alpha\leqslant 2$ 时，λ 对应于均值；当 $0<\alpha\leqslant 1$ 时，λ 对应于中位值。

（4）$\gamma(\gamma>0)$ 称为分散度参数。该参数决定了随机变量 PDF 在位置参数 λ 周围的概率分布，分散度的作用类似于高斯分布的方差，当 $\alpha=2$ 时，γ 等于方差的一半。

当 $\alpha=2,\beta=0$ 时，Alpha 稳定分布等价于高斯分布。当 $\alpha=1,\beta=0$ 时，Alpha 稳定分布等价于柯西分布，上述两种分布的 PDF 表达式如下：

$$f_{\alpha=2}(\gamma,\lambda;x)=\frac{1}{\sqrt{4\pi\gamma}}\exp\left(-\frac{(x-\lambda)^2}{4\gamma}\right) \tag{1-6}$$

$$f_{\alpha=1}(\gamma,\lambda;x)=\frac{\gamma}{\pi[\gamma^2+(x-\lambda)^2]} \tag{1-7}$$

Alpha 稳定分布不具有有限的二阶矩，当 $\alpha<2$ 时，Alpha 稳定分布仅有有限的 p 阶矩，即 $E\{|X|^p\}<\infty$，$\forall 0\leqslant p<\alpha$。

图 1-4 给出了参数为 $\alpha=1.2,\beta=0,\gamma=1/5,\lambda=0$ 的 Alpha 稳定分布噪声以及参数为 $P_r=0.01$，$\sigma_b^2=0.001,\sigma_c^2=1$ 的 CG 噪声的时域样本序列。在鲁棒自适应滤波算法的设计中，这两种噪声模型均得到了广泛应用。使用 CG 噪声模型不影响算法的性能分析，并且可以得到算法性能指标的闭式表达式，而 Alpha 稳定噪声没有显式的 PDF，因此，使用 Alpha 稳定噪声模型时无法得到算法性能指标的闭式表达式。值得一提的是，Alpha 稳定分布噪声的特性更接近现实中的噪声分布。

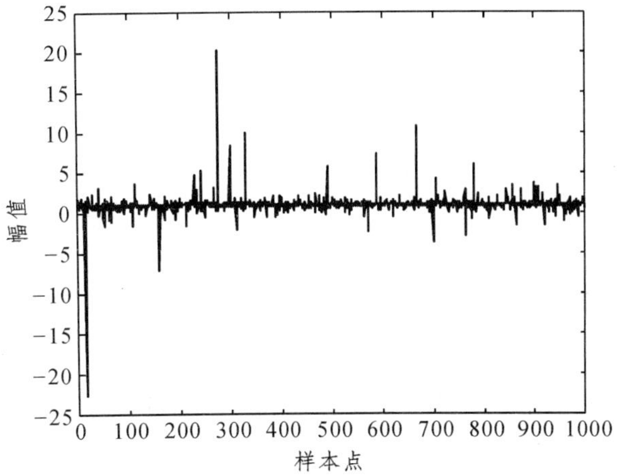

（a）Alpha 稳定分布噪声

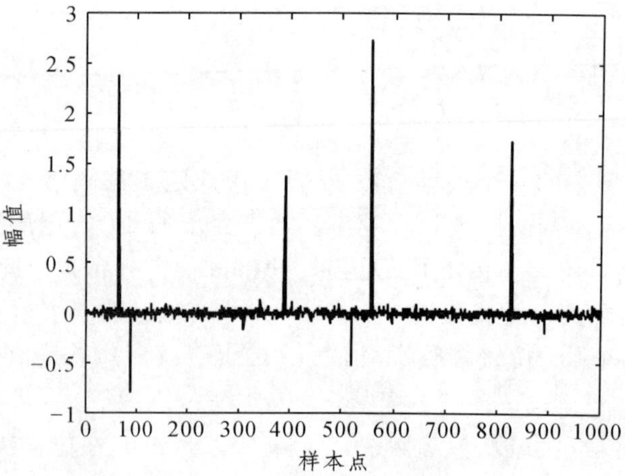

（b）CG 噪声

图 1-4　Alpha 稳定分布噪声和 CG 噪声时域样本序列

1.4　误差非线性函数

本节总结了本书所介绍的鲁棒自适应滤波算法采用的误差非线性函数，它们分别是 M 估计函数、对数函数、双曲正割（hyperbolic secant）函数、最大相关熵和广义相关熵函数。

1.4.1　M 估计函数

M 估计函数是统计学中广泛使用的鲁棒估计器。近二十年来，基于 M 估计函数的鲁棒自适应滤波算法得到了深入研究并广泛应用于系统辨识、ANC、信道均衡和分布式自适应估计。在众多 M 估计函数中，改进 Huber 函数（modified huber function，MHF）不仅结构简单，易于实现，而且具有突出的离群值抑制特性。其数学表达式为

$$\varphi(e(n))=\begin{cases}\dfrac{e^2(n)}{2}, & |e(n)|<\xi(n)\\[2mm] \dfrac{\xi^2(n)}{2}, & |e(n)|\geqslant\xi(n)\end{cases} \tag{1-8}$$

式中，$\xi(n)=\kappa\sigma_e(n)$ 是一个时变阈值，用于判断误差信号中是否包含冲击噪声；κ 是一个常数，当 κ 值较小时，算法对冲击噪声的鲁棒性较好，但收敛性能退化，反之亦然。在本书所有仿真中，基于 MHF 的自适应滤波算法均取 $\kappa=2.576$，该值意味着当 $|e(n)|\geqslant\xi(n)$ 时，算法停止权重更新的置信水平为 99%。无噪估计误差信号的方差 $\sigma_e^2(n)$ 可由下式递归估计得到：

$$\hat{\sigma}_e^2(n)=\lambda\hat{\sigma}_e^2(n-1)+C_\tau(1-\lambda)\text{median}\{\boldsymbol{A}_e(n)\} \tag{1-9}$$

式中，$\boldsymbol{A}_e(n)=(e^2(n),e^2(n-1),\cdots,e^2(n-N_w+1))$ 是长度为 N_w 的滑动误差平方数据窗，N_w 的经验值介于 5~9 之间，但需根据具体应用进行合理的选择，选取原则是冲击噪声发生概率增加，该值随之增加。$C_\tau=1.483[1+5/(N_w-1)]$ 称为样本校正因子。λ 是接近于 1 的遗忘因子。median{·} 是中值运算符，用于移除 $\boldsymbol{A}_e(n)$ 中的离群值。令 $\varphi(e(n))$ 对误差信号 $e(n)$ 求导，得

$$\varphi'(e(n))=\frac{\partial\varphi(e(n))}{\partial e(n)}=\begin{cases}e(n), & |e(n)|<\xi(n)\\ 0, & |e(n)|\geqslant\xi(n)\end{cases} \tag{1-10}$$

由式（1-10）可知，当算法检测到期望信号被冲击噪声干扰时，算法停止更新，从而有效避免了冲击噪声对滤波器权值的影响。文献[15]首次提出一种基于 MHF 的最小均值 M 估计（least mean M-estimate，LMM）算法，极大地改善了 LMS 算法在冲击噪声环境下的收敛性能，且计算复杂度并无显著增加，因此该算法得到了广泛关注及应用。

1.4.2　对数函数

对数函数的非线性饱和特性使其能够有效应对离群值，因此，以对数函数为代价函数的自适应滤波算法能够实现对冲击噪声的鲁棒性，并具有较好的收敛性能。文献[16]提出了一类鲁棒对数自适应滤波算法，详细分析了该算法的收敛性能。文献[17]结合对数函数和 TLS 法，提出了一种对数总体最小二乘（logarithmic total least squares，LTLS）算法，解决了冲击噪声环境下的 EIV 模型系统辨识问题。

对数代价函数定义如下：

$$J(\boldsymbol{w})=E\left(\frac{1}{\alpha}\ln(1+\alpha F(e(n)))\right) \tag{1-11}$$

式中，$F(e(n))$ 是 MSE 函数；$\alpha>0$ 是一个可调参数，影响着算法的收敛速度以及对冲击噪声的鲁棒性。令 $J(\boldsymbol{w})$ 对滤波器权重向量 $\boldsymbol{w}$ 求偏导数，可得梯度向量：

$$g(\boldsymbol{w})=\frac{\partial J(\boldsymbol{w})}{\partial\boldsymbol{w}}=E\left(\frac{\dfrac{\partial F(e(n))}{\partial\boldsymbol{w}}}{1+\alpha F(e(n))}\right) \tag{1-12}$$

从式（1-12）可以看出，当期望信号被冲击噪声干扰时，误差信号 $e(n)$ 的幅值非常大，此时梯度向量的分母项 $1+\alpha F(e(n))$ 将会异常大，导致 $g(\boldsymbol{w})$ 趋近于 0，从而可以避免冲击噪声对滤波器的负面影响。当误差信号 $e(n)$ 幅值较小时，$1+\alpha F(e(n))$ 趋近于 1，此时对数算法与 LMS 算法有着相似的收敛性能。文献[17]的结论已经表明，参数 α 越大，算法的稳态误差越小；反之，算法的收敛速度加快，但抗冲击噪声能力退化。在实际应用中，选择一个合适的参数 α 来兼顾算法的抗冲击噪声能力和收敛速度是一个关键问题。

1.4.3　双曲正割函数

双曲正割函数是一种非线性函数，将其作为代价函数可以显著改善 LMS 算法在冲击噪声环境下的鲁棒性和收敛性能。文献[18]将双曲正割函数与 LMS 算法相结合，得到了一种双曲正割 LMS（hyperbolic secant least mean square，HLMS）算法。双曲正割代价函数定义如下：

$$J(\boldsymbol{w})=E(\operatorname{sech}(F(e(n)))) \tag{1-13}$$

式中，$\operatorname{sech}(\cdot)$ 是双曲正割函数。

利用梯度下降法最小化该代价函数，首先求梯度向量：

$$g(\boldsymbol{w})=\frac{\partial J(\boldsymbol{w})}{\partial \boldsymbol{w}}=-E\left(\operatorname{sech}(F(e(n)))\tanh(F(e(n)))\frac{\partial F(e(n))}{\partial \boldsymbol{w}}\right) \tag{1-14}$$

式中，$\tanh(\cdot)$是双曲正切函数。

当期望信号被冲击噪声干扰时，误差信号$e(n)$幅值较大，双曲正割函数$\operatorname{sech}(\cdot)$的值趋于0，$\tanh(\cdot)$趋于1，此时，梯度向量$g(\boldsymbol{w})$趋于0，算法基本停止更新，从而避免了冲击噪声对滤波器的影响。当期望信号不含冲击噪声时，估计误差$e(n)$幅值较小，此时$\operatorname{sech}(\cdot)$趋于1，$\tanh(\cdot)$是一个较小的数，此时，HLMS算法等价于LMS算法。

1.4.4　最大相关熵准则

作为信息理论学习（information theory learning，ITL）中的一个重要局部非线性相似性测度，最大相关熵准则（maximum correntropy criterion，MCC）对非高斯噪声具有良好的鲁棒性。近年来，基于MCC的自适应滤波算法受到学界的广泛关注和深入研究[19]。

任意给定两个实随机变量X和Y，二者的相关熵定义如下：

$$V(X,Y)=E(\kappa(X,Y))=\int \kappa(x,y)\mathrm{d}F_{XY}(x,y) \tag{1-15}$$

式中，$\kappa(X,Y)$是一个移位不变Mercer核；$F_{XY}(x,y)$表示随机变量$\{X,Y\}$的联合概率分布函数。通常，Mercer核默认采用高斯函数

$$\kappa(X,Y)=G_\sigma(e)=\frac{1}{\sqrt{2\pi}\sigma}\exp\left(-\frac{e^2}{2\sigma^2}\right) \tag{1-16}$$

式中，$e=x-y$表示样本误差；$\sigma(\sigma>0)$称为核宽。MCC代价函数定义如下：

$$J(\boldsymbol{w})=E\left(\exp\left(-\frac{e^2(n)}{2\sigma^2}\right)\right) \tag{1-17}$$

代价函数$J(\boldsymbol{w})$相对于$\boldsymbol{w}$的梯度向量如下：

$$g(\boldsymbol{w})=\frac{\partial J(\boldsymbol{w})}{\partial \boldsymbol{w}}=\frac{1}{\sigma^2}E\left(\exp\left(-\frac{e^2(n)}{2\sigma^2}\right)e(n)\boldsymbol{x}(n)\right) \tag{1-18}$$

由式（1-18）可知，当期望信号被冲击噪声干扰时，误差信号$e(n)$的幅值非常大，由于指数函数具有衰减特性，此时的梯度向量$g(\boldsymbol{w})$趋于0，有效避免了冲击噪声对滤波器的影响。

1.4.5　广义相关熵准则

已有研究证明，MCC算法使用高斯函数作为Mercer核并不能实现最优估计。为克服这一缺陷，有学者提出了基于广义高斯密度（generalized Gaussian density，GGD）核函数的广义最大相关熵准则（generalized maximum correntropy criterion，GMCC），由此得到的GMCC自适应滤波算法具有更好的参数灵活性和估计性能。一个零均值随机变量e的GGD函数定义如下[20] [21]：

$$G_{\alpha,\beta}(e)=\frac{\alpha}{2\beta\Gamma(1/\alpha)}\exp\left(-\left|\frac{e}{\beta}\right|^{\alpha}\right)=\gamma_{\alpha,\beta}\exp\left(-\lambda|e|^{\alpha}\right) \tag{1-19}$$

式中，$\Gamma(\cdot)$表示伽马函数，$\alpha(\alpha>0)$是形状参数，$\beta(\beta>0)$是比例参数，$\lambda=1/\beta^{\alpha}$是内核参数，$\gamma_{\alpha,\beta}=\alpha/2\beta\Gamma(1/\alpha)$是一个归一化常数。高斯分布（$\alpha=2$）函数和拉普拉斯分布（$\alpha=1$）函数均是 GGD 函数的特例。当$\alpha\to\infty$时，GGD 趋向于服从$(-\beta,\beta)$的均匀分布。任意给定两个随机变量 X 和 Y，二者的 GMCC 定义如下[22]：

$$V_{\alpha,\beta}(X,Y)=E(G_{\alpha,\beta}(X-Y)) \tag{1-20}$$

实际上，随机变量 X 和 Y 的联合概率分布函数是未知的，只能通过样本均值去近似式（1-20）中的期望运算，具体如下：

$$\hat{V}_{\alpha,\beta}(X,Y)=\frac{1}{N}\sum_{i=1}^{N}G_{\alpha,\beta}(x_i-y_i) \tag{1-21}$$

其中，$\{x_i,y_i\}_{i=1}^{N}$表示 N 个样本数据对。

GMCC 代价函数定义如下：

$$J(\boldsymbol{w})=\gamma_{\alpha,\beta}(1-E(\exp(-\lambda|e(n)|^{\alpha}))) \tag{1-22}$$

利用随机梯度下降法最小化该代价函数，可以得到 GMCC 算法的权重更新公式：

$$\boldsymbol{w}(n+1)=\boldsymbol{w}(n)+\mu\exp(-\lambda|e(n)|^{\alpha})|e(n)|^{\alpha-1}\operatorname{sign}(e(n))\boldsymbol{x}(n) \tag{1-23}$$

其中，$\mu=\gamma_{\alpha,\beta}\lambda\alpha$。

观察式（1-23），可以得到以下结果：

（1）当$\alpha=2$时，GMCC 算法退化为 MCC 算法[23]，换句话说，MCC 算法是 GMCC 算法在$\alpha=2$时的一个特例。

（2）当期望信号被冲击噪声干扰时，误差信号 $e(n)$的幅值非常大，此时$\mu\lambda\alpha\exp\left(-\frac{1}{2\sigma^2}|e(n)|^{\alpha}\right)$趋近于 0，避免了冲击噪声导致的错误权重更新，实现了滤波器对冲击噪声的鲁棒性。

1.5　本书的内容安排

本书的研究内容安排如下：

第 1 章介绍鲁棒自适应滤波算法的研究背景和意义，常见的冲击噪声模型，EIV 模型以及非线性函数。

第 2 章介绍一种鲁棒自适应 ANC 算法，即滤波 x 递归最大相关熵（filtered-x recursively maximum correntropy，FxRMC）算法，分析算法稳定性，还介绍一种基于自适应核宽更新策略的 FxRMC 算法，该算法改善了 FxRMC 算法的收敛性能。

第 3 章介绍鲁棒 GD-TLS 自适应算法，分析这些算法的收敛性能，并通过 EIV 模型系统辨识计算机仿真测试算法对冲击噪声的鲁棒性。

第 4 章以分布式自适应网络在冲击噪声干扰下的参数估计问题为研究背景，介绍一种鲁棒分布式变步长 NLMS 算法，分析该算法的稳定性，瞬态和稳态性能以及跟踪性能，通过计算机仿真验证理论分析结果的准确性和算法的性能优势。

第 5 章提出一种具有低复杂度实现的鲁棒分布式 RLS 算法，提高算法收敛速度的同时保持了对冲击噪声的鲁棒性，此外，DCD 方法还有效降低了算法的计算复杂度。

第 6 章介绍一种分布式总体最小均值 M 估计（DTLMM）算法，分析其局部稳定性、均值和均方收敛性。通过冲击噪声环境下的分布式 EIV 模型参数估计计算机仿真测试，算法的性能。

第 2 章　基于 MCC 的鲁棒 RLS 算法及 ANC 应用

ANC 技术广泛应用于如道路噪声[24]、有源耳机[25]和变压器噪声[26]的抑制，其原理是通过一个控制器产生与待消除噪声振幅相同但相位相反的声波进行噪声抵消。与传统物理方法（外壳、屏障、消音器等）相比，ANC 技术的实现成本非常低，可以实现低频条件下噪声的高度衰减。滤波-x 最小均方（filtered-x least mean square，FxLMS）算法是前馈 ANC 系统中应用最广泛的一种自适应算法[27]。然而，在冲击噪声环境下，FxLMS 算法将出现稳定性问题，这是由其 MMSE 的本质决定的。为了克服这一问题，一些鲁棒 FxLMS 算法被提出[28][29]。相较于这些鲁棒算法，ITL 中的 MCC 提供了一个关于误差信号统计量的更全面描述[30]，因而可以实现对冲击噪声更好的鲁棒性。

本章介绍一种基于 MCC 的鲁棒递归 ANC 算法，称为 FxRMC 算法。其目的是提高滤波 x 递归最小二乘（filtered-x recursive least square，FxRLS）算法的鲁棒性。在冲击噪声干扰下，FxRMC 将比 FxRLS 算法更稳定，且不需要知道噪声的先验统计信息。然而，高斯核函数的核宽限制了 FxRMC 的性能。为了克服这一缺陷，设计了一种基于滑动数据窗的自适应核宽 FxRMC 算法，改善了 FxRMC 算法的收敛性能。

本章所提 FxRMC 算法来自编者发表在 *Mechanical Systems and Signal Processing* 上的文章 *Active impulsive noise control using maximum correntropy with adaptive kernel size*[31]。

2.1　FxRMC 算法推导

在推导 FxRMC 算法之前，我们给出图 2-1 所示的自适应 ANC 系统原理图。其中，$d(n)$ 表示要消除的主要噪声，传递函数 $P(z)$ 表示从参考信号 $u(n)$ 到误差麦克风 $e(n)$ 的主要路径，$\boldsymbol{S}(z)$ 是自适应滤波器 $\boldsymbol{\Theta}(z)$ 的输出和误差麦克风信号 $e(n)$ 之间的二次路径传递函数，$y(n)$ 是次级路径的输出。传递函数 $\hat{S}(z)$ 可以通过使用基于离线或在线次级路径建模技术的自适应滤波器来估计得到。

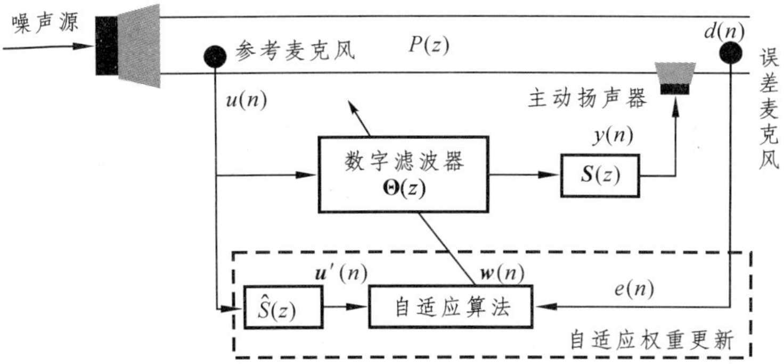

图 2-1　基于自适应算法的单通道前馈 ANC 系统框图

给定两个随机变量 D 和 Y，二者的相关熵定义如下[30]-[32]：

$$V(D,Y)=E(\kappa(D,Y))=\int\kappa(d,y)\mathrm{d}F_{D,Y}(d,y) \tag{2-1}$$

式中，$\kappa(\cdot,\cdot)$ 是一个移位不变 Mercer 核；$F_{D,Y}(d,y)$ 是随机变量对 (D,Y) 的联合分布函数。采用高斯核函数作为 Mercer 核，即

$$\kappa(d,y)=\frac{1}{\sqrt{2\pi}\sigma}\exp\left(-\frac{e^2}{2\sigma^2}\right) \tag{2-2}$$

其中，$e=d-y$ 表示随机变量样本之间的误差；σ 是核宽。最大相关熵可以使估计误差 e 接近于零。MCC 算法的代价函数如下[30]：

$$J(n)\triangleq E\left(\exp\left(-\frac{e^2(n)}{2\sigma^2}\right)\right) \tag{2-3}$$

图 2-2 绘制了联合空间 $\{d,y\}$ 中 MCC 算法的代价函数曲面。

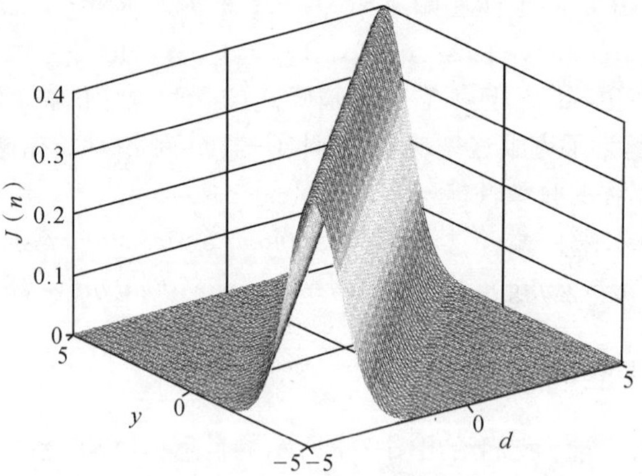

图 2-2　联合空间中的 MCC 代价函数

当随机变量样本 d 和 y 非常接近时，MCC 代价函数表现为欧式空间上的 L_2-范数；当两点间相距渐远时，MCC 代价函数表现为 L_1-范数（过渡区域上）；当两点间相距更远时（矩形区域），MCC 代价函数表现出 L_0-范数的特性[33]。正是由于此性质，MCC 算法可以实现对冲击噪声的鲁棒性。然而，基于随机梯度法的 MCC 存在收敛速度慢的缺点，结合 RLS 算法的快收敛速度特点，定义一个新的代价函数：

$$\begin{aligned}J_{\mathrm{FxRMC}}(n)&=\sum_{i=1}^{n}\lambda^{n-i}\kappa(d(i),y(i))\\&=\sum_{i=1}^{n}\lambda^{n-i}\exp\left(-\frac{e^2(i)}{2\sigma^2}\right)\end{aligned} \tag{2-4}$$

式（2-4）利用一个指数加权因子 λ 来强化最新的观测数据，从而弱化历史数据对代价函数的

影响。$0 << \lambda < 1$ 称为遗忘因子。令 $J_{\text{FxRMC}}(n)$ 对权向量 $\boldsymbol{w}(n)$ 求梯度，可得

$$\frac{\partial J_{\text{FxRMC}}(n)}{\partial \boldsymbol{w}(n)} = \sum_{i=1}^{n} \lambda^{n-i} \exp\left(-\frac{e^2(i)}{2\sigma^2}\right)\frac{e(i)\boldsymbol{u}'(i)}{\sigma^2} \tag{2-5}$$

定义误差非线性函数：

$$\psi(i) = \exp\{-e^2(i)/2\sigma^2\}$$

将误差 $e(i) = d(i) - \boldsymbol{u}'^{\mathrm{T}}(i)\boldsymbol{w}(n)$ 代入式（2-5），令式（2-5）等于 0，得

$$\sum_{i=1}^{n} \lambda^{n-i}\psi(i)\boldsymbol{u}'(i)\boldsymbol{u}'^{\mathrm{T}}(i)\boldsymbol{w}(n) = \sum_{i=1}^{n} \lambda^{n-i}\psi(i)\boldsymbol{u}'(i)d(i) \tag{2-6}$$

式（2-6）中的权向量 $\boldsymbol{w}(n)$ 可由下式求得：

$$\boldsymbol{w}(n) = \boldsymbol{P}(n)\boldsymbol{\pi}(n)，\quad \boldsymbol{P}(n) = \boldsymbol{R}^{-1}(n) \tag{2-7}$$

式中，$\boldsymbol{R}(n) = \sum_{i=1}^{n} \lambda^{n-i}\psi(i)\boldsymbol{u}'(i)\boldsymbol{u}'^{\mathrm{T}}(i)$，$\boldsymbol{\pi}(n) = \sum_{i=1}^{n} \lambda^{n-i}\psi(i)\boldsymbol{u}'(i)d(i)$。

当 $\psi(i) = 1$ 时，算法退化为 FxRLS 算法。对于 FxRMC 算法，$\psi(i) \neq 1$，因此在每一次迭代时刻都需要计算 $\boldsymbol{R}(n)$ 和 $\boldsymbol{\pi}(n)$。为了克服这一缺陷，$\boldsymbol{R}(n)$ 和 $\boldsymbol{\pi}(n)$ 可以通过一个有限长的滑动窗递归得到。然而，文献[34]给出的算法并非真正的在线算法，为了得到一个在线算法，$\boldsymbol{R}(n)$ 和 $\boldsymbol{\pi}(n)$ 分别由如下公式进行递归更新：

$$\boldsymbol{R}(n) \approx \lambda \boldsymbol{R}(n-1) + \psi(n)\boldsymbol{u}'(n)\boldsymbol{u}'^{\mathrm{T}}(n) \tag{2-8}$$

$$\boldsymbol{\pi}(n) \approx \lambda \boldsymbol{\pi}(n-1) + \psi(n)\boldsymbol{u}'(n)d(n) \tag{2-9}$$

使用矩阵求逆引理[1]，$\boldsymbol{P}(n)$ 可表示为

$$\boldsymbol{P}(n) = \lambda^{-1}\boldsymbol{P}(n-1) - \lambda^{-1}\boldsymbol{\Phi}(n)\boldsymbol{u}'^{\mathrm{T}}(n)\boldsymbol{P}(n-1) \tag{2-10}$$

其中，增益向量 $\boldsymbol{\Phi}(n)$ 为

$$\boldsymbol{\Phi}(n) = \frac{\psi(n)\boldsymbol{P}(n-1)\boldsymbol{u}'(n)}{\lambda + \psi(n)\boldsymbol{u}'^{\mathrm{T}}(n)\boldsymbol{P}(n-1)\boldsymbol{u}'(n)} \tag{2-11}$$

结合式（2-8）~式（2-11），$\boldsymbol{w}(n)$ 的更新公式如下：

$$\boldsymbol{w}(n+1) = \boldsymbol{w}(n) + \boldsymbol{\Phi}(n)(d(n) - \boldsymbol{u}'^{\mathrm{T}}(n)\boldsymbol{w}(n)) \tag{2-12}$$

对于 FxRMC 算法，需要指出如下两点：

（1）FxRMC 算法几乎是一个“盲”的算法，因为它不需要知道噪声的先验信息，算法的性能只依赖于固定参数 σ 和 λ。

（2）不合适的核宽会导致算法性能恶化。只有当 MCC 中的核宽 σ 大于某个值时，最大相关熵算法才能获得最优解[32]。由于 FxRMC 算法的核宽是人为设定的，所以，有必要采用一个核宽自适应更新策略。此外，FxRMC 算法的稳定性分析对于实际工程应用来说也是一个关键问题。接下来的小节将对上述问题逐一解答。

2.2 FxRMC 算法稳定性分析

本节对 FxRMC 算法的均值收敛性进行讨论。为了简化分析，采用如下假设：

假设 1：参考信号 $\boldsymbol{u}(n)$ 和信号 $\boldsymbol{u}'(n)$ 均是零均值独立同分布的。

假设 2：当算法收敛至稳态时，$\boldsymbol{u}'(n)$ 近似独立于先验超额误差。

定义权重误差向量：

$$\tilde{\boldsymbol{w}}(n) \triangleq \boldsymbol{w}_o - \boldsymbol{w}(n) \tag{2-13}$$

式中，$\boldsymbol{w}_o$ 是控制器的最优参数向量。

用 $\boldsymbol{w}_o$ 减去式（2-12）的两边，并利用式（2-11），可得如下结果：

$$\tilde{\boldsymbol{w}}(n+1) = \tilde{\boldsymbol{w}}(n) - \frac{\psi(n)\boldsymbol{P}(n-1)\boldsymbol{u}'(n)}{\lambda + \psi(n)\boldsymbol{u}'^{\mathrm{T}}(n)\boldsymbol{P}(n-1)\boldsymbol{u}'(n)}(d(n) - \boldsymbol{u}'^{\mathrm{T}}(n)\boldsymbol{w}(n)) \tag{2-14}$$

对式（2-14）两边同时取数学期望，可得权重误差向量的均值收敛方程：

$$E(\tilde{\boldsymbol{w}}(n+1)) = E(\tilde{\boldsymbol{w}}(n)) - E\left(\frac{\psi(n)\boldsymbol{P}(n-1)\boldsymbol{u}'(n)}{\lambda + \psi(n)\boldsymbol{u}'^{\mathrm{T}}(n)\boldsymbol{P}(n-1)\boldsymbol{u}'(n)}(d(n) - \boldsymbol{u}'^{\mathrm{T}}(n)\boldsymbol{w}(n))\right) \tag{2-15}$$

式中，误差 $\zeta(n) = d(n) - \boldsymbol{u}'^{\mathrm{T}}(n)\boldsymbol{w}(n)$ 可作如下近似计算：

$$\zeta(n) \approx \boldsymbol{u}'^{\mathrm{T}}(n)\tilde{\boldsymbol{w}}(n) \tag{2-16}$$

将式（2-16）代入式（2-15），假设 $d(n) - \boldsymbol{u}'^{\mathrm{T}}(n)\boldsymbol{w}(n)$ 与 $\psi(n)\boldsymbol{P}(n-1)\boldsymbol{u}'(n)/(\lambda + \psi(n)\boldsymbol{u}'^{\mathrm{T}}(n)\ \boldsymbol{P}(n-1)\boldsymbol{u}'(n))$ 相互独立，式（2-15）可改写为

$$\begin{aligned} E(\tilde{\boldsymbol{w}}(n+1)) &= E(\tilde{\boldsymbol{w}}(n)) - E\left(\frac{\psi(n)\boldsymbol{P}(n-1)\boldsymbol{u}'(n)\boldsymbol{u}'^{\mathrm{T}}(n)}{\lambda + \psi(n)\boldsymbol{u}'^{\mathrm{T}}(n)\boldsymbol{P}(n-1)\boldsymbol{u}'(n)}\tilde{\boldsymbol{w}}(n)\right) \\ &\approx E(\tilde{\boldsymbol{w}}(n)) - E\left(\frac{\psi(n)\boldsymbol{P}(n-1)\boldsymbol{u}'(n)\boldsymbol{u}'^{\mathrm{T}}(n)}{\lambda + \psi(n)\boldsymbol{u}'^{\mathrm{T}}(n)\boldsymbol{P}(n-1)\boldsymbol{u}'(n)}\right)E(\tilde{\boldsymbol{w}}(n)) \end{aligned}$$

因此，FxRMC 算法的均值收敛条件为

$$0 < \lambda_{\max}\left(E\left(\frac{\psi(n)\boldsymbol{P}(n-1)\boldsymbol{u}'(n)\boldsymbol{u}'^{\mathrm{T}}(n)}{\lambda + \psi(n)\boldsymbol{u}'^{\mathrm{T}}(n)\boldsymbol{P}(n-1)\boldsymbol{u}'(n)}\right)\right) < 2$$

根据性质 $\lambda_{\max}(\boldsymbol{AB}) < \mathrm{tr}(\boldsymbol{AB})$，得

$$\lambda_{\max}\left(E\left(\frac{\psi(n)\boldsymbol{P}(n-1)\boldsymbol{u}'(n)\boldsymbol{u}'^{\mathrm{T}}(n)}{\lambda+\psi(n)\boldsymbol{u}'^{\mathrm{T}}(n)\boldsymbol{P}(n-1)\boldsymbol{u}'(n)}\right)\right)<E\left(\frac{\mathrm{tr}(\boldsymbol{u}'(n)\boldsymbol{\Lambda}(n)\boldsymbol{u}'^{\mathrm{T}}(n))}{\lambda+\psi(n)\boldsymbol{u}'^{\mathrm{T}}(n)\boldsymbol{P}(n-1)\boldsymbol{u}'(n)}\right)<1 \tag{2-17}$$

其中 $\boldsymbol{\Lambda}(n)=\psi(n)\boldsymbol{P}(n-1)$。

因此，FxRMC 算法在噪声源持续激励时能保持稳定性。

2.3　自适应变核宽策略

受文献[35]的启发，本小节设计一种自适应核宽调整策略用于改善 FxRMC 算法的性能。在 ANC 中，考虑使用可观测误差信号来参与核宽的调整。首先给出如下更新公式：

$$m_{\sigma}(n+1)=m_{\sigma}(n)+\Delta m_{\sigma}(n+1) \tag{2-18}$$

式中，反馈信息 $\Delta m_{\sigma}(n+1)$ 是对变量 $e(n)$ 的估计，它可由下式进行计算：

$$\Delta m_{\sigma}(n+1)=\frac{1}{N_w}(e(n)-e(n-N_w+1)) \tag{2-19}$$

其中，N_w 是误差数据窗的长度。然而，式（2-19）仅使用误差数据窗两端的值对误差的变化量进行估计，这种估计方法是很粗糙的，因为其忽略了变量数据从 n-1 次迭代到 $n-N_w+2$ 次迭代的值。Belge 等提出了一种最小化 p 范数滑动窗策略来进行变量估计[36]。尽管这种方法对于更新滤波器参数具有一定的鲁棒性，然而它并不是实时在线的，只能进行离线运算。而简单实用的方法是式（2-19）所示的丢弃一部分中间数据。

事实上，合适的核宽应位于观测误差范围之内[32]，这种选择是由于与观测误差幅值相近的核宽将使代价函数呈现出一个凸曲面[37]。核宽的平方值可根据以下方式进行递归更新：

$$\sigma^2(n+1)=\sigma^2(n)+\Delta m_{\sigma}^2(n+1)+\underbrace{\frac{1}{N_w}[e(n)-m_{\sigma}(n+1)]^2}_{\mathrm{I}}-\underbrace{\frac{1}{N_w}[e(n-N_w+1)-m_{\sigma}(n+1)]^2}_{\mathrm{II}} \tag{2-20}$$

式中，Ⅰ和Ⅱ项可视为对观测误差的补偿量。为了进一步降低核宽更新带来的计算复杂度，下面给出一个简化的替代更新公式：

$$\sigma^2(n+1)=\sigma^2(n)+\Delta m_{\sigma}^2(n+1) \tag{2-21}$$

当 FxRMC 算法具有不同的核宽时，其代价函数也会发生相应的改变。如图 2-3 所示，小核宽下的代价函数 $J_{\mathrm{FxRMC}}(n)$ 相较于大核宽下的代价函数在接近误差 0 附近时曲线更陡，也就是说，核宽度会显著影响算法的收敛性能。在相同的遗忘因子下，小核宽下的 FxRMC 算法具有更快的收敛速度，但其在冲击噪声下可能出现不稳定。采用本小节介绍的自适应核宽更新策略，FxRMC 算法在冲击噪声下能够获得稳定的性能。

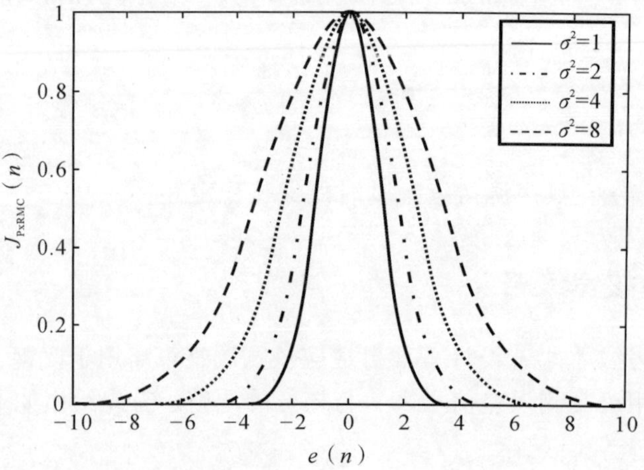

图 2-3　不同核宽度 σ^2 下的 MCC 代价函数

表 2-1 给出了 FxRMC 算法的伪代码。表 2-2 概括了 5 种 ANC 算法的计算复杂度。其中，基于 MMSE 准则的 ANC 算法（如 FxLMS、RFxLMS）相比基于 LS 准则的 ANC 算法（FxRLS、FxRMC 及其自适应核宽版本）具有更低的计算复杂度。由于使用了递归策略，FxRLS 算法在提升算法性能的同时也提高了计算复杂度。但额外增加的运算量远小于 L，因此，FxRMC 算法在少量提高计算复杂度的同时，也明显改善了 FxRLS 算法的性能。

表 2-1　FxRMC 算法的伪代码

初始化参数	$P(z), S(z)$
FxRMC 算法	L, N_w, λ, $\boldsymbol{w}(0)=\boldsymbol{0}$，$\boldsymbol{P}(0)=\delta\boldsymbol{I}$, σ^2, $\delta=1/50$
基于自适应核宽更新的 FxRMC 算法	1. $y(n)=s(n)\times[\boldsymbol{w}^{\mathrm{T}}(n)\boldsymbol{u}(n)]$； 2. $\boldsymbol{u}'(n)=s(n)\times\boldsymbol{u}(n)$； 3. $e(n)=d(n)-y(n)$； 4. $\psi(n)=\exp(-e^2(n)/2\sigma^2)$； 5. $m_\sigma(n+1)=m_\sigma(n)+\Delta m_\sigma(n+1)$； 6. $\Delta m_\sigma(n+1)=\frac{1}{N_w}(e(n)-e(n-N_w+1))$； 7. $\sigma^2(n+1)=\sigma^2(n)+\Delta m_\sigma^2(n+1)+\frac{1}{N_w}(e(n)-m_\sigma(n+1))^2-\frac{1}{N_w}(e(n-N_w+1)-m_\sigma(n+1))^2$； 8. $\boldsymbol{\Phi}(n)=\frac{\psi(n)\boldsymbol{P}(n-1)\boldsymbol{u}'(n)}{\lambda+\psi(n)\boldsymbol{u}'^{\mathrm{T}}(n)\boldsymbol{P}(n-1)\boldsymbol{u}'(n)}$； 9. $\boldsymbol{w}(n+1)=\boldsymbol{w}(n)+\boldsymbol{\Phi}(n)((d(n)-\boldsymbol{u}'^{\mathrm{T}}(n)\boldsymbol{w}(n))$； 10. $\boldsymbol{P}(n)=\lambda^{-1}\boldsymbol{P}(n-1)-\lambda^{-1}\boldsymbol{\Phi}(n)\boldsymbol{u}'^{\mathrm{T}}(n)\boldsymbol{P}(n-1)$
注：1. 参数 δ 被称为正则化参数，其用于算法的初始化软更新[38]； 2. FxRMC 算法：$\delta=1\sim4, 8\sim10$； 3. 自适应核宽更新的 FxRMC 算法：$\delta=1\sim10$。	

表 2-2　5 种 ANC 算法的计算复杂度

算法	乘法	除法	加法/减法	指数运算
FxLMS	$2L+1$	—	$2L$	—
RFxLMS	$2L+6$	3	$2L+7$	—
FxRLS	$4L^2+3L$	1	$3L^2$	—
FxRMC	$4L^2+3L+5$	2	$3L^2$	1
自适应核宽更新 FxRMC	$4L^2+3L+7$	5	$3L^2+7$	1

2.4　计算机仿真

本小节通过计算机仿真来测试算法在冲击噪声环境下的 ANC 能力。ANC 系统中使用的所有信号采样频率均为 8 kHz。主级通道 $P(z)$和次级通道 $S(z)$分别采用阶数为 256 和 100 的两个 FIR 滤波器进行建模。主级通道和次级通道的频率响应与相位响应如图 2-4 所示。在 ANC 控制器中，FIR 滤波器的阶数设置为 128。采用平均降噪（averaged noise reduction，ANR）指标，可以评价算法的噪声控制性能。ANR 的定义如下[31]：

$$\mathrm{ANR}(n) \triangleq 20\ln\left(\frac{A_e(n)}{A_d(n)}\right) \tag{2-22}$$

式中，$A_e(n)=\xi A_e(n-1)+(1-\xi)|e(n)|$，$A_d(n)=\xi A_d(n-1)+(1-\xi)|d(n)|$，其中，$\xi=0.999$ 称为平滑因子。

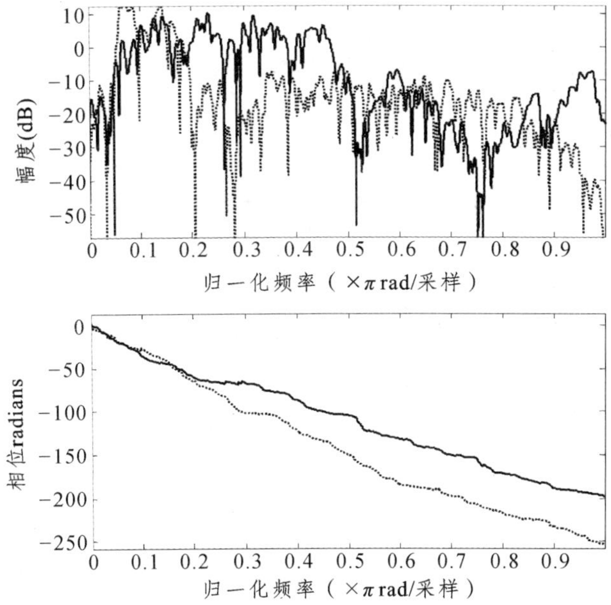

虚线—主级通路 $P(z)$；实线—次级通路 $S(z)$

图 2-4　主级通道和次级通道的频率响应与相位响应

实验 1：冲击噪声环境下不同算法的 ANR 性能对比

本实验中的噪声服从 Alpha 稳定分布，并考虑 3 种不同的噪声强度，其时域图如图 2-5 所示。将 FxRMC 算法、自适应变核宽变体与已有的 FxLMS[27]、RFxLMS、FxRLS[27]算法进行性能对比，结果如图 2-6 所示。为了保持 FxRMC 算法的稳定性，后续实验中的 σ^2 均设置为 8。从图 2-6 可以看出，由于 $\alpha<2$ 时信号的二阶矩和高阶矩是无穷大的，所以 FxLMS 和 FxRLS 在自适应更新过程中出现大幅度的震荡。相比之下，FxRMC 算法则展现出比 FxRLS 算法更好的稳定性。基于自适应变核宽策略的 FxRMC 算法有着较快的初始收敛速度，且保持着与 FxRMC 算法近似的稳态 ANR。

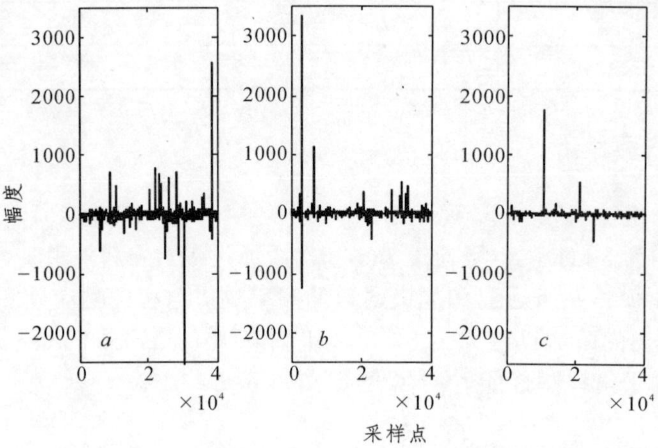

图 2-5　实验 1 采用的 3 种不同 Alpha 稳定分布噪声源

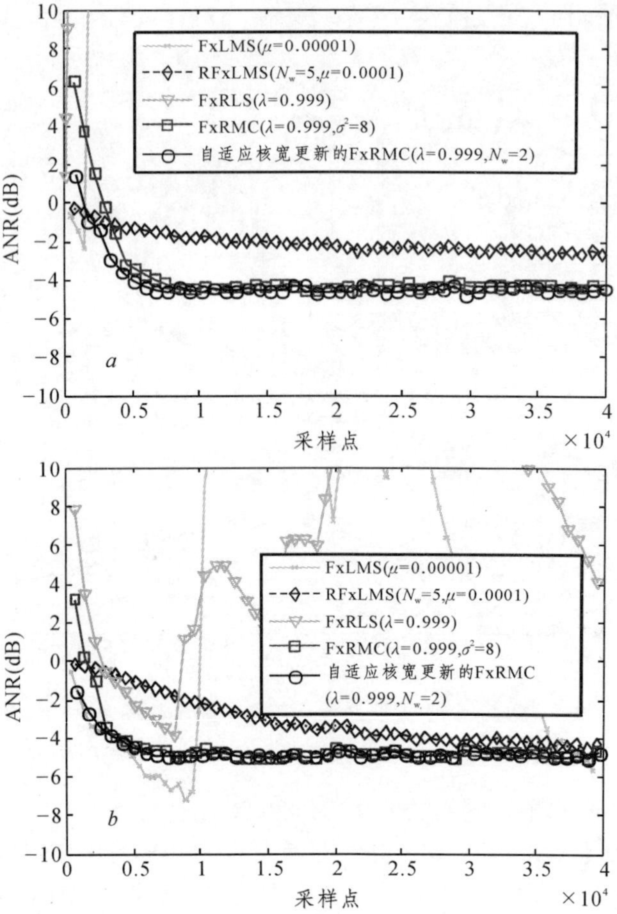

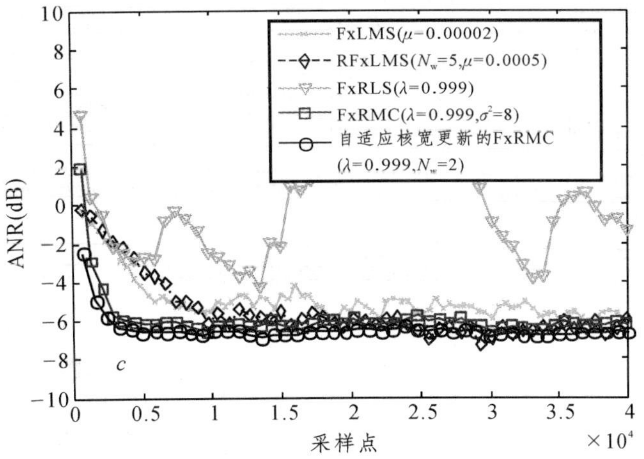

图 2-6　实验 1 中算法的 ANR 对比曲线

图 2-7 展示了 3 种不同噪声设置下自适应核宽更新 FxRMC 算法的核宽变化曲线。可以看到，在初始迭代时刻，核宽平方值较大，经过大约 1000 次迭代后，不同噪声设置下算法的核宽大致收敛于 1~2。

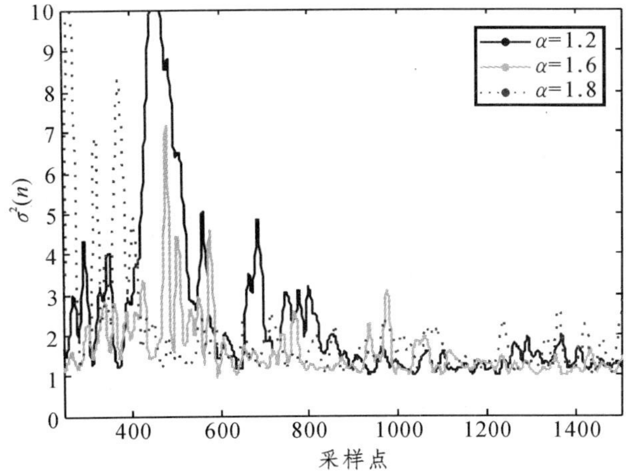

图 2-7　实验 1 中自适应核宽更新的 FxRMC 算法的核宽变化曲线

实验 2：混合噪声环境

本实验考虑不同采样点区间的不同类型噪声的情况，即 $0<n\leqslant 15\,000$ 时，为高斯白噪声，$15\,000<n\leqslant 40\,000$ 时，为冲击噪声。由 Alpha 稳定分布建模的冲击噪声有以下 3 种参数设置：（a）$\alpha=1.3$，（b）$\alpha=1.5$，（c）$\alpha=1.7$。图 2-8 对比了所有比较算法在高斯-冲击噪声混合情况下的 ANR 学习曲线。从图 2-8 可以看出，FxRMC 算法在 $0<n\leqslant 15\,000$ 时获得了比 FxLMS 算法更快的收敛速度，且在冲击噪声环境下优于 RFxLMS 算法。在高斯噪声下，FxRLS 和 FxRMC 算法的性能相近，然而，FxLMS 算法和 FxRLS 算法在冲击噪声下的性能却严重恶化。图 2-9 展示了自适应核宽更新的 FxRMC 算法的核宽变化曲线。从图 2-9 可以看到，在高斯噪声下，核宽度的更新相对平稳，当环境突变到冲击噪声情况下，尤其是强冲击噪声情况（$\alpha=1.3$）下，核宽的更新曲线出现大幅值震荡。

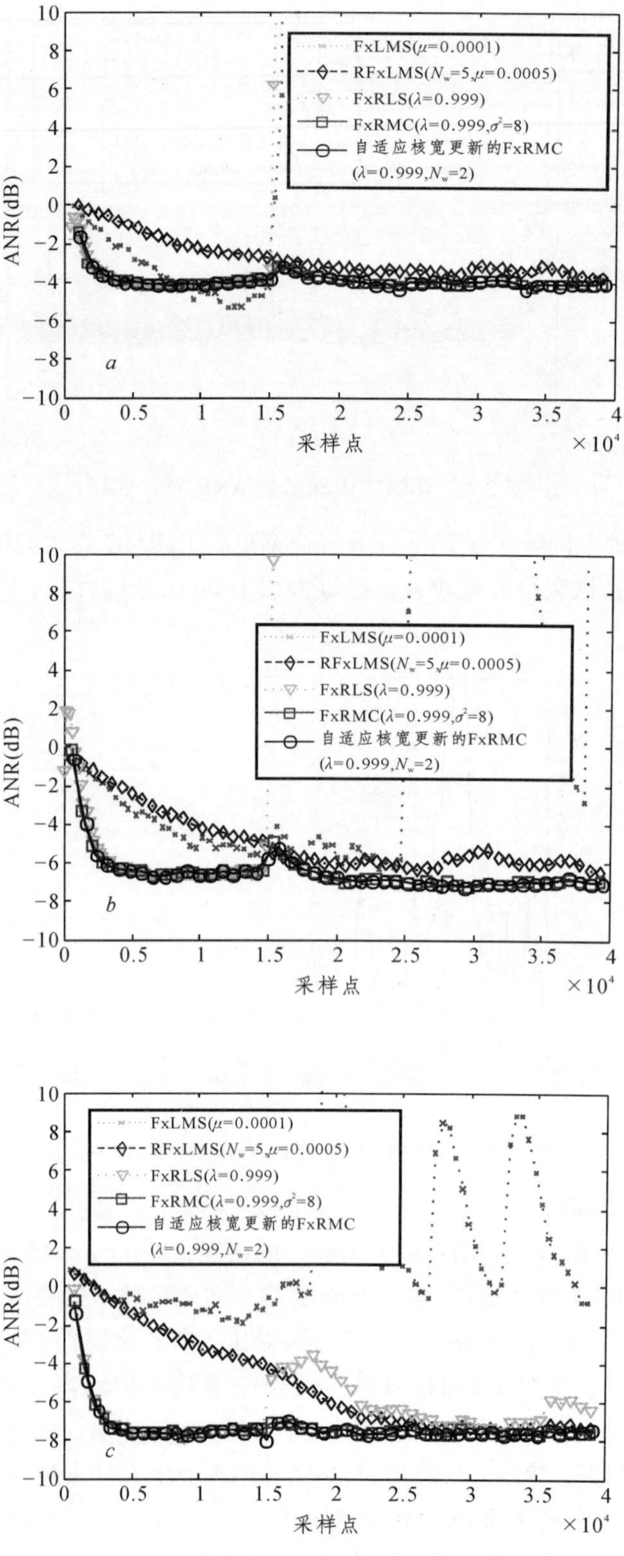

图 2-8　实验 2 中算法的 ANR 对比曲线

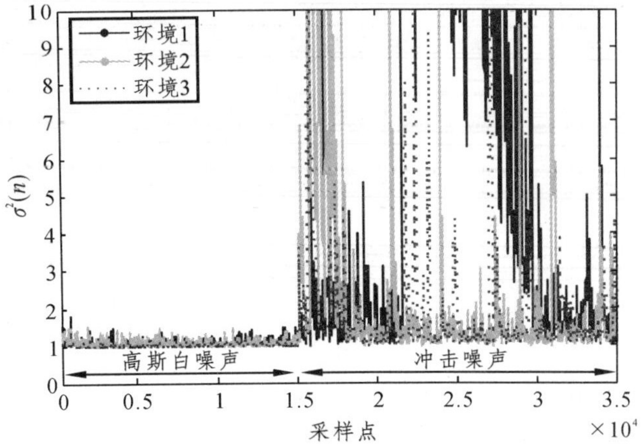

图 2-9　实验 2 中自适应核宽更新的 FxRMC 算法的核宽变化曲线

第 3 章　鲁棒 TLS 自适应滤波算法

3.1　研究背景

经典自适应滤波算法如 LMS、RLS、AP 和 NSAF 算法等，均假设噪声只存在于期望信号中，而输入信号是精确测量的。但在实际应用中，由于采样误差、人为误差和仪器误差等因素，输入信号是不可能精确测量的。此时，传统自适应滤波算法将会产生由输入噪声引起的估计偏差。针对该问题，研究者们提出了各种消除估计偏差的方法，最具代表性的方法是偏差补偿（bias compensation，BC）策略和 TLS 算法。BC 策略的基本思想是对自适应滤波算法的权重更新公式进行偏差补偿来抵消含噪输入导致的估计偏差，核心在于补偿项的估计。目前，有大量的 BC 自适应算法被提出，如偏差补偿最小均方（bias-compensated LMS，BC-LMS）算法、偏差补偿递归最小二乘（bias-compensated RLS，BC-RLS）算法，以及偏差补偿归一化子带自适应滤波（bias-compensated normalized SAF，BC-NSAF）算法等，在这些算法中，输入噪声方差的估计精度决定了 BC 算法的性能。TLS 算法旨在同时最小化输入和输出噪声的能量，以此来实现感兴趣参数的无偏估计。近年来，学者提出了 GD-TLS 算法[10]、基于不同优化策略（如线性搜索、逆功率迭代）的 TLS 算法[11]，以及递归总体最小二乘（recursive TLS，RTLS）法等[12]。

然而，上述 TLS 算法均假设期望信号仅被高斯噪声污染，事实上，通信系统噪声、低频大气噪声和雷达信号中的噪声均为非高斯噪声，尤其是冲击噪声将严重影响 TLS 算法的稳定性。为克服这一缺点，鲁棒 TLS 算法被相继提出，这些算法的核心基本都是利用非线性函数的饱和特性实现对冲击噪声的抑制[39]-[41]。

3.2　TLS 算法

TLS 算法是基于 EIV 模型的估计算法，其思想是同时最小化输入信号扰动矩阵 $\Delta\tilde{\boldsymbol{X}}(n)\in\mathbf{R}^{n\times L}$ 和输出信号的扰动向量 $\Delta\tilde{\boldsymbol{d}}(n)\in\mathbf{R}^{n\times 1}$ 的能量，即

$$\begin{aligned}&\min\ \left\|\Delta\tilde{\boldsymbol{X}}(n)\right\|_F+\left\|\Delta\tilde{\boldsymbol{d}}(n)\right\|_2\\&\text{s.t. } (\tilde{\boldsymbol{X}}^{\mathrm{T}}(n)+\Delta\tilde{\boldsymbol{X}}(n))\boldsymbol{w}(n)=\tilde{\boldsymbol{d}}^{\mathrm{T}}(n)+\Delta\tilde{\boldsymbol{d}}(n)\end{aligned}\tag{3-1}$$

式中，$\tilde{\boldsymbol{X}}(n)$ 和 $\tilde{\boldsymbol{d}}(n)$ 分别是截至 n 时刻测得的含噪输入数据矩阵和输出数据向量，即

$$\tilde{\boldsymbol{X}}(n)=(\tilde{\boldsymbol{x}}(n),\tilde{\boldsymbol{x}}(n-1),\cdots,\tilde{\boldsymbol{x}}(2),\tilde{\boldsymbol{x}}(1))\tag{3-2}$$

$$\tilde{\boldsymbol{d}}(n)=(\tilde{d}(n),\tilde{d}(n-1),\cdots,\tilde{d}(2),\tilde{d}(1))\tag{3-3}$$

根据文献[42][43]可知，对增广数据矩阵 $[\tilde{\boldsymbol{X}}^{\mathrm{T}}(n),\tilde{\boldsymbol{d}}^{\mathrm{T}}(n)]$ 进行奇异值分解，可以得到问题（3-1）的解，即

$$\begin{pmatrix} \boldsymbol{w}(n) \\ -1 \end{pmatrix} = -\frac{\boldsymbol{q}(n)}{(\boldsymbol{q}(n))_{L+1}} \tag{3-4}$$

式中，$\boldsymbol{q}(n)$ 是增广数据矩阵最小奇异值所对应的右奇异向量。然而，对于不同的输入，输出噪声方差可能对算法性能产生影响，尤其是当输入噪声方差较小时，TLS 算法的性能甚至不如 LMS 算法。为此，研究者设计了一个加权矩阵 $\boldsymbol{D} = \mathrm{diag}\{1,1,\cdots,1,\gamma^{-1/2}\} \in \mathbf{R}^{(L+1)\times(L+1)}$ 来进一步改善 TLS 算法在低输入噪声方差时的性能，其中 $\gamma=\sigma_b^2/\sigma_i^2$ 是输出噪声与输入噪声方差之比。此时，上述 TLS 算法的解可以改写为

$$\boldsymbol{w}(n) = -\frac{(\boldsymbol{Dq}(n))_{1:L}}{(\boldsymbol{Dq}(n))_{L+1}} \tag{3-5}$$

需要说明的是，TLS 问题的解也可以通过特征值分解增广加权数据协方差矩阵来获得，此时，$\boldsymbol{q}(n)$ 是该增广加权数据协方差矩阵最小特征值对应的特征向量。增广加权数据协方差矩阵 $\boldsymbol{\Omega}(n)$ 定义为

$$\boldsymbol{\Omega}(n) = \boldsymbol{D}^{\mathrm{T}} \begin{pmatrix} \tilde{\boldsymbol{X}}(n) \\ \tilde{\boldsymbol{d}}(n) \end{pmatrix} (\tilde{\boldsymbol{X}}^{\mathrm{T}}(n),\tilde{\boldsymbol{d}}^{\mathrm{T}}(n))\boldsymbol{D} \tag{3-6}$$

然而，无论是通过奇异值分解还是特征值分解来计算 $\boldsymbol{q}(n)$，它们都具有非常高的计算复杂度，在实际应用中不易在线实施。因此，现有的 TLS 自适应滤波算法很少直接使用奇异值分解或者特征值分解来计算 $\boldsymbol{q}(n)$，而是使用线性搜索或者逆功率迭代等方法进行求解[43]。受到瑞利商的启发，Reza Arablouei 等首次提出将求解 TLS 问题转化为最小化瑞利商代价函数问题：

$$J_{\mathrm{TLS}}(\boldsymbol{w}) = \Re\left(\boldsymbol{\Omega}(n),\ \boldsymbol{D}^{-1}\begin{pmatrix} \boldsymbol{w} \\ -1 \end{pmatrix}\right) = \frac{\sum_{n=1}^{N}(\tilde{d}(n)-\boldsymbol{w}^{\mathrm{T}}\tilde{\boldsymbol{x}}(n))^2}{\|\boldsymbol{w}\|_2^2+\gamma} \tag{3-7}$$

式中，$\Re(\boldsymbol{A},\boldsymbol{b}) = \dfrac{\boldsymbol{b}^{\mathrm{T}}\boldsymbol{A}\boldsymbol{b}}{\boldsymbol{b}^{\mathrm{T}}\boldsymbol{b}}$ 是矩阵 $\boldsymbol{A}$ 和向量 $\boldsymbol{b}$ 的瑞利商。当输入数据以及输入和输出噪声均为相关遍历过程时，式（3-7）中的样本平均可用统计平均（即期望运算）代替，由此得到的 GD-TLS 算法的代价函数如下：

$$J_{\mathrm{GD\text{-}TLS}}(\boldsymbol{w}) = E\left(\frac{(\tilde{d}(n)-\boldsymbol{w}^{\mathrm{T}}\tilde{\boldsymbol{x}}(n))^2}{\|\boldsymbol{w}\|_2^2+\gamma}\right) = E\left(\frac{e^2(n)}{\|\bar{\boldsymbol{w}}\|_2^2}\right) \tag{3-8}$$

式中，$e(n)=\tilde{d}(n)-\boldsymbol{w}^{\mathrm{T}}\tilde{\boldsymbol{x}}(n)$ 是估计误差，$\bar{\boldsymbol{w}} = (\sqrt{\gamma} - \boldsymbol{w}^{\mathrm{T}})^{\mathrm{T}}$ 是一个修正的增广权向量。从式（3-8）可以看出，不同于 LMS 算法的代价函数 $J_{\mathrm{LMS}}(\boldsymbol{w}) = E(e^2(n))$，GD-TLS 算法的代价函数多了一个加权因子 $1/\|\bar{\boldsymbol{w}}\|_2^2$。为了得到一个在线更新算法，用瞬时值近似式（3-8）中的期望值，对 $\boldsymbol{w}(n)$

求导，并利用梯度下降法获得 GD-TLS 算法的权重向量更新公式：

$$\boldsymbol{w}(n+1)=\boldsymbol{w}(n)+\mu\alpha(n)(\tilde{\boldsymbol{x}}(n)+\alpha(n)\boldsymbol{w}(n)) \tag{3-9}$$

其中

$$\alpha(n)=\frac{e(n)}{\|\boldsymbol{w}(n)\|_2^2+\gamma} \tag{3-10}$$

3.3 总体最小均值 M 估计（TLMM）算法

GD-TLS 算法在高斯噪声下可实现无偏估计，然而在冲击噪声环境下将出现稳定性问题。为此，本小节结合 MHF 提出一种整体最小均值 M 估计（total least mean M-estimate，TLMM）算法，极大地改善了 GD-TLS 算法在冲击噪声下的性能。此外，还对 TLMM 算法的局部稳定性进行了分析，并提出了一种 VSS-TLMM 算法用以改善 TLMM 算法的收敛性能。本小节所介绍的 TLMM 算法来自编者发表在 *IEEE Transactions on Circuits and Systems* Ⅱ*: Express Briefs* 上的文章 *A Robust Total Least Mean M-Estimate Adaptive Algorithm for Impulsive Noise Suppression*[41]。

3.3.1 TLMM 算法的推导

将 M 估计函数引入 GD-TLS 算法的代价函数（3-8）中，鲁棒代价函数定义如下：

$$J_{\text{TLMM}}(\boldsymbol{w})=E(\rho(e_{\text{tot}}(n))) \tag{3-11}$$

式中，$e_{\text{TOT}}(n)=e(n)/\|\bar{\boldsymbol{w}}\|_2$ 称为总体误差；$\rho(e_{\text{tot}}(n))$ 是 MHF，它的定义如下：

$$\rho(e_{\text{TOT}}(n))=\begin{cases}e^2(n)/(2\|\bar{\boldsymbol{w}}\|_2^2), & |e(n)|<\xi(n)\\ \xi^2(n)/2, & |e(n)|\geqslant\xi(n)\end{cases} \tag{3-12}$$

式中，$\xi(n)$ 是一个时变阈值参数，用于判断估计误差中是否包含冲击噪声，该参数通常被设置为 $\xi(n)$=2.576$\hat{\sigma}_e(n)$，$\hat{\sigma}_e(n)$ 能够通过以下递归等式获得：

$$\hat{\sigma}_e^2(n)=\lambda\hat{\sigma}_e^2(n-1)+C_\tau(1-\lambda)\text{median}(\boldsymbol{A}_e(n)) \tag{3-13}$$

式中，λ 是一个接近于 1 的遗忘因子；C_τ 是一个修正系数，通常 $C_\tau=1.483(1+5/(N_w-1))$；$\boldsymbol{A}_e(n)=(e^2(n),e^2(n-1),\cdots,e^2(n-N_w+1))$ 是一个长度为 N_w 的滑动数据窗，通常取值为 5~9；median(·) 表示中位数算子，其作用是去除异常值。

根据式（3-11）和（3-12），可以得到如下梯度向量 $\boldsymbol{g}_{\text{TLMM}}(\boldsymbol{w})$：

$$\boldsymbol{g}_{\text{TLMM}}(\boldsymbol{w})=\frac{\partial J_{\text{TLMM}}(\boldsymbol{w})}{\partial\boldsymbol{w}}=\begin{cases}-E\left(\dfrac{\|\bar{\boldsymbol{w}}\|_2^2 e(n)\tilde{\boldsymbol{x}}(n)+e^2(n)\boldsymbol{w}}{\|\bar{\boldsymbol{w}}\|_2^4}\right), & |e(n)|<\xi(n)\\ 0, & |e(n)|\geqslant\xi(n)\end{cases} \tag{3-14}$$

类似于 GD-TLS 算法，用瞬时值代替期望值，可得到以下瞬时梯度向量：

$$\hat{\boldsymbol{g}}_{\text{TLMM}}(\boldsymbol{w})=\begin{cases}-\dfrac{\|\bar{\boldsymbol{w}}\|_2^2 e(n)\tilde{\boldsymbol{x}}(n)+e^2(n)\boldsymbol{w}}{\|\bar{\boldsymbol{w}}\|_2^4}, & |e(n)|<\xi(n)\\ 0, & |e(n)|\geqslant\xi(n)\end{cases} \tag{3-15}$$

利用随机梯度下降法，TLMM 算法的权向量更新公式如下：

$$\begin{aligned}\boldsymbol{w}(n+1)&=\boldsymbol{w}(n)-\mu\hat{\boldsymbol{g}}_{\text{TLMM}}(\boldsymbol{w}(n))\\&=\begin{cases}\boldsymbol{w}(n)+\mu\dfrac{\|\bar{\boldsymbol{w}}(n)\|_2^2 e(n)\tilde{\boldsymbol{x}}(n)+e^2(n)\boldsymbol{w}(n)}{\|\bar{\boldsymbol{w}}(n)\|_2^4}, & |e(n)|<\xi(n)\\ \boldsymbol{w}(n), & |e(n)|\geqslant\xi(n)\end{cases}\end{aligned} \tag{3-16}$$

式中，μ 是步长参数。从更新公式（3-16）中可以看出，当 $|e(n)|\geqslant\xi(n)$ 时，TLMM 算法的权向量停止更新。此外，$\xi(n)$ 的值越小，算法对冲击噪声的抑制能力越强，但算法的收敛速度也会随之减慢。TLMM 算法的伪代码如表 3-1 所示。

表 3-1　TLMM 算法的伪代码

初始化	$\boldsymbol{w}(0)=\boldsymbol{0}$，$\hat{\sigma}_e(0)=0$
算法参数	$\mu>0$，N_w，$0<<\lambda<1$，$c=1.483(1+5/(N_w-1))$
算法实现	for n=L: iter 　$e(n)=\tilde{d}(n)-\boldsymbol{w}^{\text{T}}\tilde{\boldsymbol{x}}(n)$ 　$\boldsymbol{A}_e(n)=(e^2(n),e^2(n-1),\cdots,e^2(n-N_w+1))$ 　$\hat{\sigma}_e^2(n)=\lambda\hat{\sigma}_e^2(n-1)+C_\tau(1-\lambda)\text{median}(\boldsymbol{A}_e(n))$ 　$\xi(n)$=$2.576\hat{\sigma}_e(n)$ 　if $|e(n)|<\xi(n)$ 　　$\boldsymbol{w}(n+1)=\boldsymbol{w}(n)+\mu\dfrac{\|\bar{\boldsymbol{w}}(n)\|_2^2 e(n)\tilde{\boldsymbol{x}}(n)+e^2(n)\boldsymbol{w}(n)}{\|\bar{\boldsymbol{w}}(n)\|_2^4}$ 　else 　　$\boldsymbol{w}(n+1)=\boldsymbol{w}(n)$ 　end end

3.3.2　变步长 TLMM（VSS-TLMM）算法

为了克服算法快收敛速度与高稳态误差之间的矛盾，利用文献[44]中的变步长方法对 TLMM 算法进行改进，使得步长 μ 能够随输出误差 $e(n)$ 的变化而变化，其更新公式为

$$\mu(n+1)=\alpha\mu(n)+\beta e^2(n) \tag{3-17}$$

式中，$0<<\alpha<1,\ \beta>0$。为了兼顾算法的稳定性和跟踪性能，步长需要限制在一个上界 $\mu_{\max}$ 和下界 $\mu_{\min}$ 之间。当更新的步长值超出最大步长 $\mu_{\max}$ 或低于最小步长 $\mu_{\min}$ 时，将其强制设置为 $\mu_{\max}$ 或 $\mu_{\min}$，即

$$\mu(n+1)=\begin{cases}\mu_{\max}, & \mu(n+1)>\mu_{\max}\\ \mu_{\min}, & \mu(n+1)<\mu_{\min}\\ \mu(n+1), & 其他\end{cases} \tag{3-18}$$

通常，将最大步长 $\mu_{\max}$ 设置为算法的初始步长，以加快算法的初始收敛速度。然而，当存在冲击噪声干扰时，估计误差 $e(n)$ 会受到相应的干扰。受 M 估计函数的启发，将式（3-18）中的更新公式改写为

$$\mu(n+1)=\begin{cases}\alpha\mu(n)+\beta e^2(n), & |e(n)|<\xi(n)\\ \mu(n+1), & |e(n)|\geqslant\xi(n)\end{cases} \tag{3-19}$$

计算复杂度是反映算法性能的一个重要方面。通过算法在每一次迭代中需要的乘法、加减法、除法的操作次数来衡量算法的计算复杂度。TLMM、VSS-TLMM、LMS、LMM 和 GD-TLS 算法的计算复杂度汇总如表 3-2 所示。从表 3-2 中可以看出，VSS-TLMM 算法的计算量最大。此外，与 LMM 和 GD-TLS 算法相比，TLMM 算法的计算复杂度略有增加，但相对于性能的提升，复杂度的增加程度是可以接受的。

表 3-2　各算法的计算复杂度

算法	乘法	加减法	除法
LMS	$2L+1$	$2L$	0
LMM	$2L+N_w+6$	$2L+4$	1
GD-TLS	$5L+3$	$4L$	2
TLMM	$5L+N_w+8$	$4L+4$	3
VSS-TLMM	$5L+N_w+11$	$4L+5$	3

3.3.3　理论性能分析

本小节分析了代价函数 $J_{\mathrm{TLMM}}(\boldsymbol{w})$ 在高斯噪声环境下的极值点。此外，还分析了 TLMM 算法的局部稳定性并且得到了算法稳定收敛的步长范围。为了便于分析，给出如下假设。

假设 1：输入信号向量 $\boldsymbol{x}(n)$ 是零均值独立同分布的，其协方差矩阵 $\boldsymbol{R}=E(\boldsymbol{x}(n)\boldsymbol{x}^{\mathrm{T}}(n))$ 是正定满秩的。

假设 2：输入噪声 $\boldsymbol{u}(n)$ 和输出噪声 $v(n)$ 均是零均值高斯噪声，且独立于输入信号向量 $\boldsymbol{x}(n)$。

3.3.4　极值点分析

根据式（3-14）可以看到，当 $|e(n)|\geqslant\xi(n)$ 时，$\boldsymbol{g}_{\mathrm{TLMM}}(\boldsymbol{w})=0$，TLMM 算法停止更新。因此，只需分析 $|e(n)|<\xi(n)$ 时的极值点，此时的期望信号没有被冲击噪声干扰。给定极值点 h，该点处的梯度可以表示为

$$\boldsymbol{g}_{\mathrm{TLMM}}(\boldsymbol{h})=-E\left(\frac{\|\bar{\boldsymbol{h}}\|_2^2 e_{\boldsymbol{h}}(n)\tilde{\boldsymbol{x}}(n)+e_{\boldsymbol{h}}^2(n)\boldsymbol{h}}{\|\bar{\boldsymbol{h}}\|_2^4}\right)=-\frac{\|\bar{\boldsymbol{h}}\|_2^2 E(e_{\boldsymbol{h}}(n)\tilde{\boldsymbol{x}}(n))+E(e_{\boldsymbol{h}}^2(n))\boldsymbol{h}}{\|\bar{\boldsymbol{h}}\|_2^4} \tag{3-20}$$

式中，$e_{\boldsymbol{h}}(n)$ 表示在点 $\boldsymbol{h}$ 处的输出误差，并且可以表示为

$$e_{\boldsymbol{h}}(n)=\tilde{d}(n)-\boldsymbol{h}^{\mathrm{T}}\tilde{\boldsymbol{x}}(n)=v_b(n)-\boldsymbol{h}^{\mathrm{T}}\boldsymbol{u}(n) \tag{3-21}$$

基于假设 2，可以进一步得到式（3-20）等号右边的项 $E(e_{\boldsymbol{h}}^2(n))$ 和 $E(e_{\boldsymbol{h}}(n)\tilde{\boldsymbol{x}}(n))$：

$$\begin{aligned}\mathrm{E}(e_{\boldsymbol{h}}^2(n))&=E(v_b^2(n))+E((\boldsymbol{h}^{\mathrm{T}}\boldsymbol{u}(n))^2)\\&=\sigma_b^2+\|\boldsymbol{h}\|_2^2\sigma_i^2\\&=\|\bar{\boldsymbol{h}}\|_2^2\sigma_i^2\end{aligned} \tag{3-22}$$

和

$$\begin{aligned}E(e_{\boldsymbol{h}}(n)\tilde{\boldsymbol{x}}(n))&=E((v_b(n)-\boldsymbol{h}^{\mathrm{T}}\boldsymbol{u}(n))(\boldsymbol{x}(n)+\boldsymbol{u}(n)))\\&=-E(\boldsymbol{u}(n)\boldsymbol{u}^{\mathrm{T}}(n)\boldsymbol{h})\\&=-\sigma_i^2\boldsymbol{h}\end{aligned} \tag{3-23}$$

将式（3-22）和式（3-23）代入式（3-20）中，可以得到 $\boldsymbol{g}_{\mathrm{TLMM}}(\boldsymbol{h})=0$，所以 $\boldsymbol{h}$ 是代价函数 $J_{\mathrm{TLMM}}(\boldsymbol{w})$ 的一个驻点。为了进一步证明 $\boldsymbol{h}$ 是一个极值点，需要进一步计算 $J_{\mathrm{TLMM}}(\boldsymbol{w})$ 的海塞（Hessian）矩阵，即

$$\begin{aligned}\boldsymbol{H}_{\mathrm{TLMM}}(\boldsymbol{w})&=\frac{\partial\boldsymbol{g}_{\mathrm{TLMM}}(\boldsymbol{w})}{\partial\boldsymbol{w}^{\mathrm{T}}}\\&=E\left(\frac{\|\bar{\boldsymbol{w}}\|_2^2\tilde{\boldsymbol{x}}(n)\tilde{\boldsymbol{x}}^{\mathrm{T}}(n)+2e(n)\boldsymbol{w}\tilde{\boldsymbol{x}}^{\mathrm{T}}(n)}{\|\bar{\boldsymbol{w}}\|_2^4}-\frac{2\boldsymbol{g}_{\mathrm{TLMM}}(\boldsymbol{w})\boldsymbol{w}^{\mathrm{T}}}{\|\bar{\boldsymbol{w}}\|_2^2}-\frac{e^2(n)(\|\bar{\boldsymbol{w}}\|_2^2\boldsymbol{I}-2\boldsymbol{w}\boldsymbol{w}^{\mathrm{T}})}{\|\bar{\boldsymbol{w}}\|_2^6}\right)\\&=E\left(\frac{\tilde{\boldsymbol{x}}(n)\tilde{\boldsymbol{x}}^{\mathrm{T}}(n)}{\|\bar{\boldsymbol{w}}\|_2^2}+\frac{2e(n)\boldsymbol{w}\tilde{\boldsymbol{x}}^{\mathrm{T}}(n)}{\|\bar{\boldsymbol{w}}\|_2^4}-\frac{2\boldsymbol{g}_{\mathrm{TLMM}}(\boldsymbol{w})\boldsymbol{w}^{\mathrm{T}}}{\|\bar{\boldsymbol{w}}\|_2^2}-\frac{e^2(n)\boldsymbol{I}}{\|\bar{\boldsymbol{w}}\|_2^4}+\frac{2e^2(n)\boldsymbol{w}\boldsymbol{w}^{\mathrm{T}}}{\|\bar{\boldsymbol{w}}\|_2^6}\right)\\&=E\left(\frac{\tilde{\boldsymbol{x}}(n)\tilde{\boldsymbol{x}}^{\mathrm{T}}(n)}{\|\bar{\boldsymbol{w}}\|_2^2}-\frac{2\boldsymbol{g}_{\mathrm{TLMM}}(\boldsymbol{w})\boldsymbol{w}^{\mathrm{T}}}{\|\bar{\boldsymbol{w}}\|_2^2}-\frac{e^2(n)\boldsymbol{I}}{\|\bar{\boldsymbol{w}}\|_2^4}+\frac{2\|\bar{\boldsymbol{w}}\|^2e(n)\boldsymbol{w}\tilde{\boldsymbol{x}}^{\mathrm{T}}(n)+2e^2(n)\boldsymbol{w}\boldsymbol{w}^{\mathrm{T}}}{\|\bar{\boldsymbol{w}}\|_2^6}\right)\\&=\frac{1}{\|\bar{\boldsymbol{w}}\|_2^2}\left(\tilde{\boldsymbol{R}}-E\left(\frac{e^2(n)\boldsymbol{I}}{\|\bar{\boldsymbol{w}}\|_2^2}\right)-2\boldsymbol{g}_{\mathrm{TLMM}}(\boldsymbol{w})\boldsymbol{w}^{\mathrm{T}}-2\boldsymbol{w}\boldsymbol{g}_{\mathrm{TLMM}}^{\mathrm{T}}(\boldsymbol{w})\right)\end{aligned} \tag{3-24}$$

式中，$\tilde{\boldsymbol{R}}=E(\tilde{\boldsymbol{x}}(n)\tilde{\boldsymbol{x}}^{\mathrm{T}}(n))$。

那么，代价函数 $J_{\mathrm{TLMM}}(\boldsymbol{w})$ 在 $\boldsymbol{h}$ 处的海塞矩阵为

$$\begin{aligned}\boldsymbol{H}_{\mathrm{TLMM}}(\boldsymbol{h})&=\frac{1}{\|\bar{\boldsymbol{h}}\|_2^2}\left(\tilde{\boldsymbol{R}}-E\left(\frac{e_{\boldsymbol{h}}^2(n)\boldsymbol{I}}{\|\bar{\boldsymbol{h}}\|_2^2}\right)-2\boldsymbol{g}_{\mathrm{TLMM}}(\boldsymbol{h})\boldsymbol{h}^{\mathrm{T}}-2\boldsymbol{h}\boldsymbol{g}_{\mathrm{TLMM}}^{\mathrm{T}}(\boldsymbol{h})\right)\\&=\frac{1}{\|\bar{\boldsymbol{h}}\|_2^2}(\boldsymbol{R}+\sigma_i^2\boldsymbol{I}-\sigma_i^2\boldsymbol{I})\\&=\frac{\boldsymbol{R}}{\|\bar{\boldsymbol{h}}\|_2^2}\end{aligned} \tag{3-25}$$

基于假设 1，矩阵 $\boldsymbol{R}$ 是一个正定矩阵，故 $\boldsymbol{H}_{\mathrm{TLMM}}(\boldsymbol{h})$ 也是正定的。因此，点 $\boldsymbol{h}$ 必然是代价函数 $J_{\mathrm{TLMM}}(\boldsymbol{w})$ 的局部极小值点。

讨论 1：需要说明的是，式（3-23）中的 $e_{\boldsymbol{h}}(n)$ 和 $\tilde{\boldsymbol{x}}(n)$ 不是相互独立的，所以不能简单地认为 $E(e_{\boldsymbol{h}}(n)\tilde{\boldsymbol{x}}(n))=E(e_{\boldsymbol{h}}(n))E(\tilde{\boldsymbol{x}}(n))$。

3.3.5 局部稳定性分析

本小节将对 TLMM 算法的局部稳定性进行分析。定义瞬时梯度误差向量：

$$\boldsymbol{r}(\boldsymbol{w}(n))=\hat{\boldsymbol{g}}_{\mathrm{TLMM}}(\boldsymbol{w}(n))-\boldsymbol{g}_{\mathrm{TLMM}}(\boldsymbol{w}(n)) \tag{3-26}$$

该误差是利用瞬时值代替期望值导致的。将式（3-26）代入式（3-16）中，可以得到

$$\boldsymbol{w}(n+1)=\boldsymbol{w}(n)-\mu\boldsymbol{g}_{\mathrm{TLMM}}(\boldsymbol{w}(n))-\mu\boldsymbol{r}(\boldsymbol{w}(n)) \tag{3-27}$$

然后，用 $\boldsymbol{h}$ 同时减去公式（3-27）的两边，得

$$\boldsymbol{\varepsilon}(n+1)=\boldsymbol{\varepsilon}(n)+\mu\boldsymbol{g}_{\mathrm{TLMM}}(\boldsymbol{w}(n))+\mu\boldsymbol{r}(\boldsymbol{w}(n)) \tag{3-28}$$

式中，$\boldsymbol{\varepsilon}(n)=\boldsymbol{h}-\boldsymbol{w}(n)$ 是权重误差向量。

由于代价函数 $J_{\mathrm{TLMM}}(\boldsymbol{w})$ 在点 $\boldsymbol{h}$ 与 $\boldsymbol{w}(n)$ 之间连线的邻域内是二次连续可微的，因此，利用文献[45]中的定理 1.2.1，可以得到梯度向量的近似表达式：

$$\begin{aligned}\boldsymbol{g}_{\mathrm{TLMM}}(\boldsymbol{w}(n))&=\boldsymbol{g}_{\mathrm{TLMM}}(\boldsymbol{h})-\left(\int_0^1\boldsymbol{H}_{\mathrm{TLMM}}(\boldsymbol{h}-t\boldsymbol{\varepsilon}(n))\mathrm{d}t\right)\boldsymbol{\varepsilon}(n)\\&=-\left(\int_0^1\boldsymbol{H}_{\mathrm{TLMM}}(\boldsymbol{h}-t\boldsymbol{\varepsilon}(n))\mathrm{d}t\right)\boldsymbol{\varepsilon}(n)\\&\approx-\left(\int_0^1\boldsymbol{H}_{\mathrm{TLMM}}(\boldsymbol{h})\mathrm{d}t\right)\boldsymbol{\varepsilon}(n)\\&=-\boldsymbol{H}_{\mathrm{TLMM}}(\boldsymbol{h})\boldsymbol{\varepsilon}(n)\end{aligned} \tag{3-29}$$

这里，近似 $\boldsymbol{h}-t\boldsymbol{\varepsilon}(n)\approx\boldsymbol{h}$ 是因为在点 $\boldsymbol{h}$ 附近权重误差向量 $\boldsymbol{\varepsilon}(n)$ 比较小且满足 $0\leqslant t\leqslant 1$。将式（3-29）代入式（3-28）中，可得

$$\boldsymbol{\varepsilon}(n+1)\approx(\boldsymbol{I}-\mu\boldsymbol{H}_{\mathrm{TLMM}}(\boldsymbol{h}))\boldsymbol{\varepsilon}(n)+\mu\boldsymbol{r}(\boldsymbol{w}(n)) \tag{3-30}$$

对式（3-30）两边同时取期望，得

$$\begin{aligned}E(\boldsymbol{\varepsilon}(n+1))&\approx(\boldsymbol{I}-\mu\boldsymbol{H}_{\mathrm{TLMM}}(\boldsymbol{h}))E(\boldsymbol{\varepsilon}(n))+\mu E(\boldsymbol{r}(\boldsymbol{w}(n)))\\&=(\boldsymbol{I}-\mu\boldsymbol{H}_{\mathrm{TLMM}}(\boldsymbol{h}))E(\boldsymbol{\varepsilon}(n))\end{aligned} \tag{3-31}$$

为了保证算法均值收敛，矩阵 $\boldsymbol{I}-\mu\boldsymbol{H}_{\mathrm{TLMM}}(\boldsymbol{h})$ 的谱半径需小于 1，即

$$\rho(\boldsymbol{I}-\mu\boldsymbol{H}_{\mathrm{TLMM}}(\boldsymbol{h}))<1 \tag{3-32}$$

将式（3-25）代入式（3-32），得到满足 TLMM 算法均值稳定性的步长范围：

$$0<\mu<\frac{2\|\bar{\boldsymbol{h}}\|^2}{\lambda_{\max}\{\boldsymbol{R}\}} \tag{3-33}$$

式中，$\lambda_{\max}\{\cdot\}$ 表示矩阵的最大特征值。

讨论 2： 尽管上述结论是在高斯噪声的假设下得出的，但这并不意味着 TLMM 算法被冲击噪声干扰时，性能会严重恶化。在冲击噪声环境下会导致较大的输出误差使得 $|e(n)|\geqslant\xi(n)$，此时算法的梯度向量 $\boldsymbol{g}_{\text{TLMM}}(\boldsymbol{w})=0$，算法停止更新。因此，冲击噪声的影响能够被有效抑制，计算机仿真部分也证实了这一解释。

3.3.6　计算机仿真

本小节通过大量的计算机仿真来验证 TLMM 和 VSS-TLMM 算法的性能。考虑一个基于 EIV 模型的系统辨识场景，待辨识系统的冲激响应 $\boldsymbol{h}$ 长度为 $L=8$，其系数由-0.5 到 0.5 之间的均匀分布生成，此外，还对其进行了归一化，即 $\|\boldsymbol{h}\|_2=1$。在后续仿真中，滑动数据窗的长度 N_w 均设置为 5，遗忘因子 λ 为 0.99，输入噪声为零均值、方差为 σ_i^2 的高斯噪声。期望信号中的冲击噪声采用 CG 模型，采用归一化均方偏差（normalized mean-square-deviation，NMSD）来评估算法的收敛性能，其表达式为

$$\text{NMSD}(n)=10\ln E\left(\frac{\|\boldsymbol{w}(n)-\boldsymbol{h}\|_2^2}{\|\boldsymbol{h}\|_2^2}\right) \tag{3-34}$$

对所有算法的参数进行设置，使得它们的初始收敛速度相同，所有仿真结果均是 100 次独立运行结果的平均值。

实验 1： 本实验比较了 LMS、GD-TLS、LMM、TLMM 和 VSS-TLMM 算法在冲击噪声环境下的收敛性能。图 3-1 采用零均值、单位方差的高斯输入信号。图 3-2 采用相关输入信号，其由零均值、单位方差的高斯信号通过 AR（1）系统 $G(z)=1/(1-0.8z^{-1})$ 产生。此外，在每种输入信号下，均设置两种不同的冲击噪声验证算法的抗冲击噪声能力：$P_r=0.01$ 的低发生概率冲击噪声，$P_r=0.05$ 的高发生概率冲击噪声。在高斯输入下，输入噪声的方差为 $\sigma_i^2=0.1$，输出背景噪声方差为 $\sigma_b^2=0.1$；在 AR（1）输入下，输入噪声方差为 $\sigma_i^2=0.1$，输出背景噪声方差为 $\sigma_b^2=0.2$。

根据图 3-1 和图 3-2 的仿真结果，可以得出如下结论：

（1）无论输入信号是高斯还是 AR（1），TLMM 和 VSS-TLMM 算法均比其他算法具有更快的收敛速度和更低的稳态误差；

（2）在高发生概率的冲击噪声下，GD-TLS 算法的性能出现严重恶化，而 TLMM 和 VSS-TLMM 算法仍然具有良好的收敛性和鲁棒性；

（3）由于 VSS 策略的使用，VSS-TLMM 算法的性能相较于 TLMM 算法具有一定程度的提升；

（4）相较于高斯输入，所有算法在 AR（1）输入下的收敛性能（收敛速度和稳态误差）均有一定程度的下降。

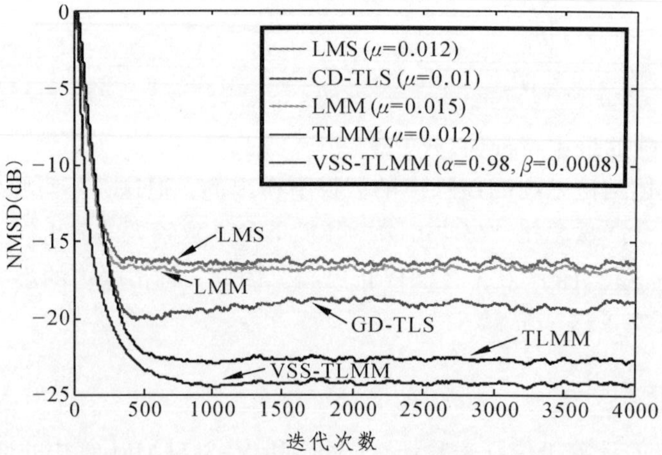

（a） $\sigma_i^2=0.1$， $\sigma_b^2=0.1$， $P_r=0.01$， $\sigma_c^2=10$

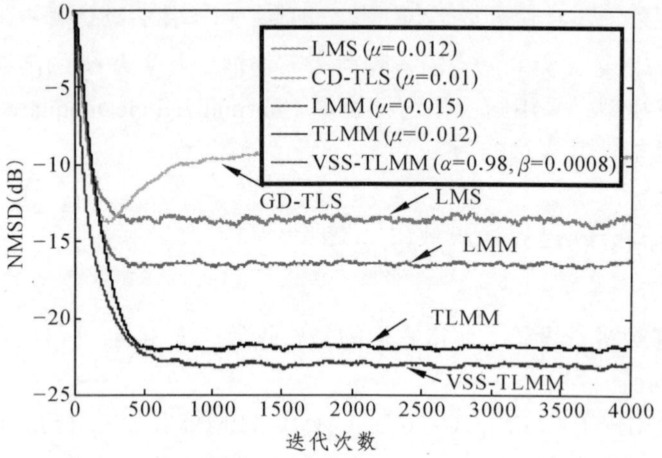

（b） $\sigma_i^2=0.1$， $\sigma_b^2=0.1$， $P_r=0.05$， $\sigma_c^2=10$

图 3-1　高斯输入信号下算法的 NMSD 学习曲线

注：VSS-TLMM 算法， $\mu_{\min}=0.001$， $\mu_{\max}=0.1$。

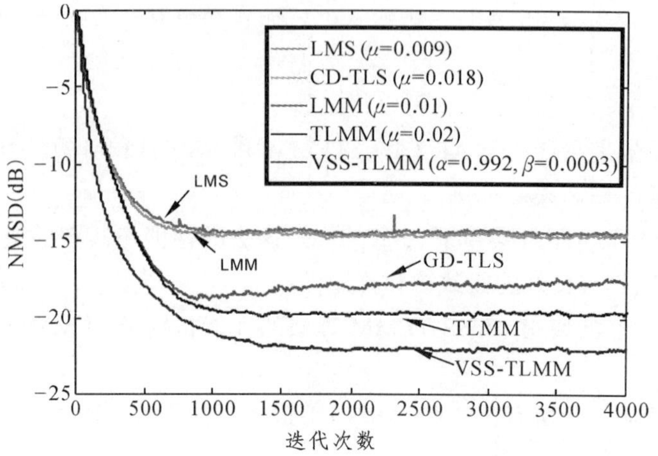

（a） $\sigma_i^2=0.1$， $\sigma_b^2=0.2$， $P_r=0.01$， $\sigma_c^2=8$

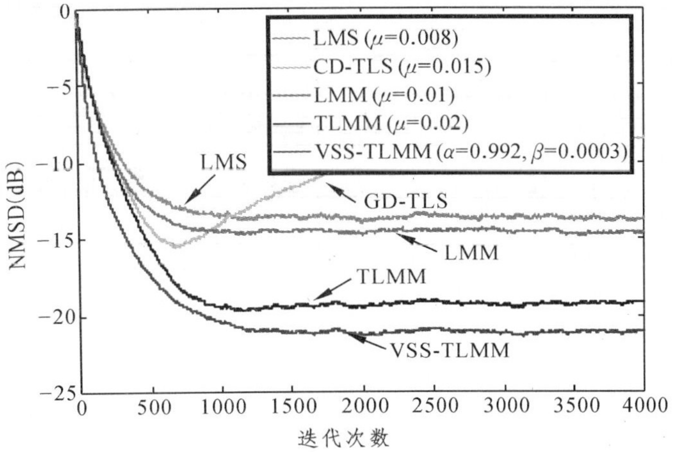

（b）$\sigma_i^2=0.1$，$\sigma_b^2=0.2$，$P_r=0.05$，$\sigma_c^2=8$

图 3-2　AR（1）输入信号下算法的 NMSD 学习曲线

注：VSS-TLMM 算法，$\mu_{\min}$=0.001，$\mu_{\max}$=0.06。

实验 2： 本实验将 TLMM、VSS-TLMM 算法与已有的 MTC 算法进行了比较。由于不同核宽的 MTC 算法性能差异较大，通过仿真给出 MTC 算法在不同核宽 0.3、0.8、1.5、2.5 下的学习曲线。为了验证算法的跟踪性能，在算法迭代的中间时刻，系统的冲激响应 $\boldsymbol{h}$ 突变为 $-\boldsymbol{h}$ 以模拟系统突变场景。

图 3-3 和图 3-4 分别为高斯输入和 AR（1）输入下算法的 NMSD 性能曲线。从仿真结果可以看出：

（1）当核宽等于 0.8 时，TLMM 和 MTC 算法有相似的收敛性能，而当核宽较小或较大时，MTC 算法的性能均会恶化；

（2）当未知系统的冲激响应发生突变时，TLMM 算法能很快地收敛到稳态，从而具有更好的跟踪性能；

（3）在两种输入信号下，VSS-TLMM 算法的稳态 NMSD 最低。

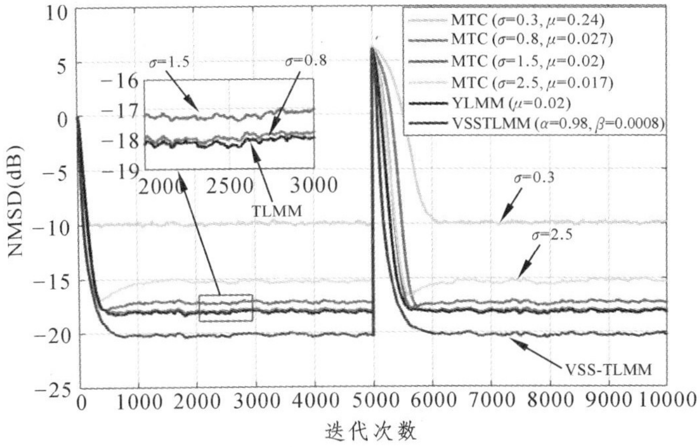

图 3-3　高斯输入信号下算法的 NMSD 学习曲线

注：① 参数设置：$\sigma_i^2=0.1$，$\sigma_b^2=0.1$，$P_r=0.05$，$\sigma_c^2=8$；
② VSS-TLMM 算法：$\mu_{\min}$=0.001，$\mu_{\max}$=0.1。

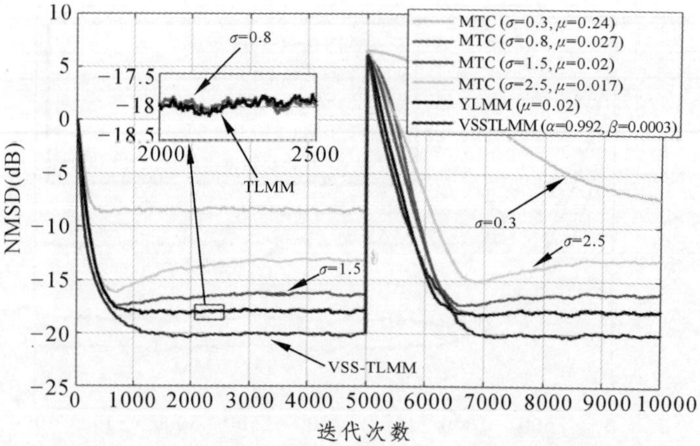

图 3-4　AR（1）输入信号下算法的 NMSD 学习曲线

注：① 参数设置：$\sigma_i^2=0.1$，$\sigma_b^2=0.1$，$P_r=0.05$，$\sigma_c^2=8$；

② VSS-TLMM 算法：$\mu_{\min}=0.001$，$\mu_{\max}=0.05$。

3.4　对数总体最小二乘算法

对数函数具有出色的离群值抑制特性，本节将介绍一种基于对数函数的鲁棒 TLS（logarithmic total least squares，L-TLS）算法，该算法实现了冲击噪声下基于 EIV 模型的系统参数无偏估计。本小节介绍的 L-TLS 算法来自编者发表在《电子与信息学报》上的文章《一种抗冲击噪声的对数总体最小二乘自适应滤波算法》[17]。

3.4.1　鲁棒 L-TLS 算法

L-TLS 算法的代价函数定义如下：

$$J_{\text{L-TLS}}(\boldsymbol{w})=E\left(\frac{1}{\alpha}\ln\left(1+\alpha\frac{e^2(n)}{\|\bar{\boldsymbol{w}}\|_2^2}\right)\right) \tag{3-35}$$

式中，$\alpha>0$ 称为尺度参数，其决定了算法抗冲击噪声的能力。利用梯度下降法最小化代价函数（3-35），可以得到无偏估计。首先，求 $J_{\text{L-TLS}}(\boldsymbol{w})$ 关于 $\boldsymbol{w}$ 的偏导数，可以得到梯度向量 $\boldsymbol{g}_{\text{L-TLS}}(\boldsymbol{w})$ 如下：

$$\boldsymbol{g}_{\text{L-TLS}}(\boldsymbol{w})=\frac{\partial J_{\text{L-TLS}}(\boldsymbol{w})}{\partial\boldsymbol{w}}=E\left(-2\frac{\|\bar{\boldsymbol{w}}\|_2^2e(n)\tilde{\boldsymbol{x}}(n)+e^2(n)\boldsymbol{w}}{\|\bar{\boldsymbol{w}}\|_2^4+\|\bar{\boldsymbol{w}}\|_2^2\alpha e^2(n)}\right) \tag{3-36}$$

类似于 GD-TLS 算法，利用瞬时值代替期望值，可以得到 L-TLS 算法的瞬时梯度向量：

$$\hat{\boldsymbol{g}}_{\text{L-TLS}}(\boldsymbol{w})=-2\frac{\|\bar{\boldsymbol{w}}\|_2^2e(n)\tilde{\boldsymbol{x}}(n)+e^2(n)\boldsymbol{w}}{\|\bar{\boldsymbol{w}}\|_2^4+\|\bar{\boldsymbol{w}}\|_2^2\alpha e^2(n)} \tag{3-37}$$

最后，给出 L-TLS 算法的权向量更新公式如下：

$$\begin{aligned} \boldsymbol{w}(n+1) &= \boldsymbol{w}(n) - \mu \hat{\boldsymbol{g}}_{\text{L-TLS}}(\boldsymbol{w}) \\ &= \boldsymbol{w}(n) + \mu \frac{\|\overline{\boldsymbol{w}}\|_2^2 e(n)\tilde{\boldsymbol{x}}(n) + e^2(n)\boldsymbol{w}}{\|\overline{\boldsymbol{w}}\|_2^4 + \|\overline{\boldsymbol{w}}\|_2^2 \alpha e^2(n)} \end{aligned} \tag{3-38}$$

式中，$\mu = 2\eta$ 称为步长参数。μ 越大，算法的收敛速度越快，同时其稳态误差也会增加；μ 越小，算法的稳态误差随之减小，但同时收敛速度也会降低。对式（3-38）进行简单的代数运算，可以得到

$$\boldsymbol{w}(n+1) = \boldsymbol{w}(n) + \mu(n) \frac{\|\overline{\boldsymbol{w}}\|_2^2 e(n)\tilde{\boldsymbol{x}}(n) + e^2(n)\boldsymbol{w}}{\|\overline{\boldsymbol{w}}\|_2^4} \tag{3-39}$$

式中，$\mu(n) = \mu\|\overline{\boldsymbol{w}}(n)\|_2^2 \big/ (\|\overline{\boldsymbol{w}}(n)\|_2^2 + \alpha e^2(n))$。

可以看出，L-TLS 算法本质上是一种 VSS-GD-TLS 算法。当误差 $e(n)$ 较大时，步长将会趋于零，从而有效避免冲击噪声带来的错误更新。当误差 $e(n)$ 较小时，步长将会接近原来的固定步长值，此时 L-TLS 算法与 GD-TLS 算法有着相似的收敛性能。为了清晰地展现 L-TLS 算法的运行过程，将 L-TLS 算法的伪代码汇总如表 3-3 所示。

表 3-3　L-TLS 算法的伪代码

初始化	$\boldsymbol{w}(0) = \boldsymbol{0}$
算法实现	for i=0，1，2 $e(n) = \tilde{d}(n) - \boldsymbol{w}^{\mathrm{T}}(n)\tilde{\boldsymbol{x}}(n)$ $\overline{\boldsymbol{w}}(n) = (\sqrt{\gamma} - \boldsymbol{w}^{\mathrm{T}}(n))^{\mathrm{T}}$ $\boldsymbol{w}(n+1) = \boldsymbol{w}(n) + \mu \frac{\|\overline{\boldsymbol{w}}(n)\|_2^2 e(n)\tilde{\boldsymbol{x}}(n) + e^2(n)\boldsymbol{w}(n)}{\|\overline{\boldsymbol{w}}(n)\|_2^4 + \|\overline{\boldsymbol{w}}(n)\|_2^2 \alpha e^2(n)}$ end

通过算法完成一次迭代总共需要的加减法、乘法、除法的操作次数来衡量算法的计算复杂度。从表 3-4 中可以看出，尽管 L-TLS 算法的计算量相对较大，但相较于 GD-TLS 算法，L-TLS 算法的计算复杂度并没有明显增加。考虑到算法的性能提升方面，在实际应用中该计算复杂度的增加是可以接受的。

表 3-4　各算法的计算复杂度

算法	乘法	加减法	除法
LMS	$2L+1$	$2L$	0
RLMLS	$2L+4$	$2L+1$	1
GD-TLS	$5L+3$	$4L$	1
L-TLS	$5L+7$	$4L+1$	1

3.4.2　仿真实验

本小节通过计算机仿真来测试算法的性能。待估系统参数长度为 $L=16$，参数由−0.5 到 0.5 之间的均匀分布随机生成并归一化，即 $\|\boldsymbol{h}\|_2=1$。输入噪声是零均值、方差为 $\sigma_i^2=0.1$ 的高斯白噪声，输出噪声采用 CG 模型产生。本实验使用 NMSD 来评估算法的收敛性能。为了比较的公平性，设置算法参数使所有算法的初始收敛速度相同，所有的仿真结果都是 100 次独立运行结果的平均值。

3.4.2.1　参数讨论

参数 α 决定了 L-TLS 算法对冲击噪声的鲁棒性，本小节首先讨论参数 α 对 L-TLS 算法性能的影响。冲击噪声发生概率为 $P_r=0.05$，方差设为 $\sigma_c^2=8$。图 3-5 的输入信号为零均值、单位方差的高斯过程。图 3-6 的输入信号为 AR（1）过程，由零均值、单位方差的高斯过程通过一阶系统 $G(z)=1/(1-0.8z^{-1})$ 产生。从图 3-5 和图 3-6 可以看出，参数 α 的值越大，L-TLS 算法的稳态误差越小，但其收敛速度也随之降低。此外，还可以发现当 α 值较小时（如 $\alpha=0.1$），算法的性能明显恶化，说明其抗冲击噪声能力减弱。

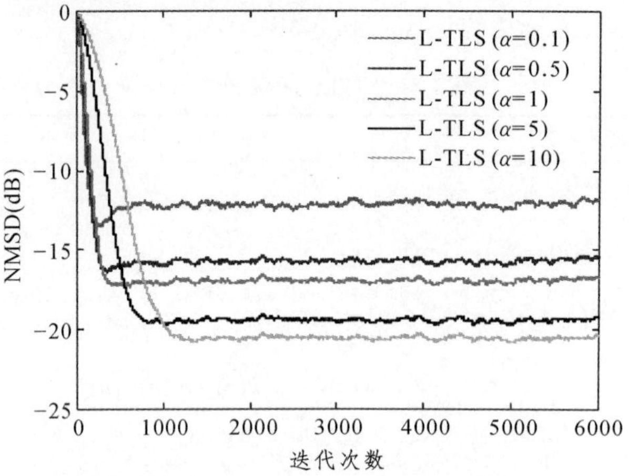

图 3-5　L-TLS 算法在高斯输入信号下的 NMSD 曲线（$\mu=0.02$）

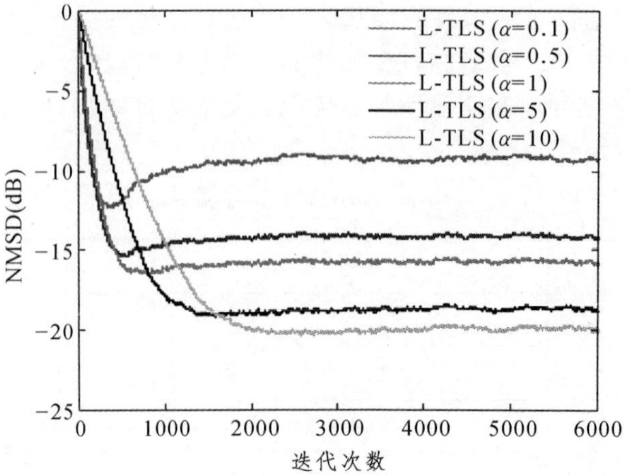

图 3-6　L-TLS 算法在相关输入信号下的 NMSD 曲线（$\mu=0.02$）

3.4.2.2　算法性能比较

本小节比较了 LMS、GD-TLS、RLMLS 和 L-TLS 算法的收敛性能。其中，图 3-7 的输入信号为零均值、单位方差的高斯信号。图 3-8 的输入信号为相关信号。针对每种输入信号，分别考虑两种噪声环境，即高斯噪声（ $P_r = 0$ ）和冲击噪声（ $P_r = 0.05$ ）。设置步长使所有算法具有相同的初始收敛速度。从图 3-7 和图 3-8 的仿真结果可以看到，无论输入信号是高斯信号还是相关信号，GD-TLS 算法在高斯噪声环境（ $P_r = 0$ ）下的收敛性能都优于 L-TLS 算法，而在冲击噪声（ $P_r = 0.05$ ）下，L-TLS 算法更具优势，且 GD-TLS 算法的性能将严重恶化。此外还可以发现，在所有的仿真结果中，L-TLS 算法比文献[46]中的 RLMLS 算法具有更低的稳态误差。

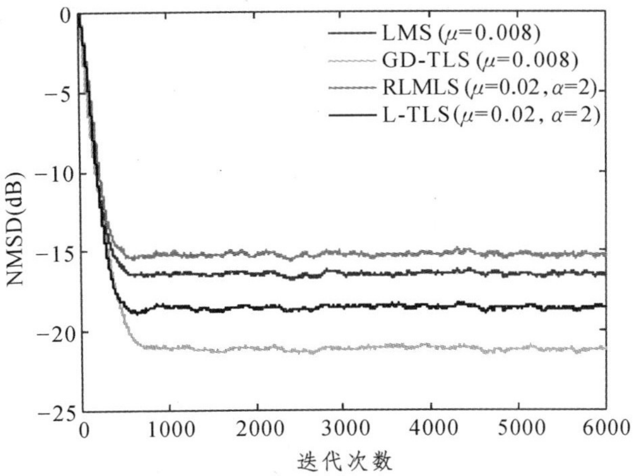

（a） $P_r = 0$

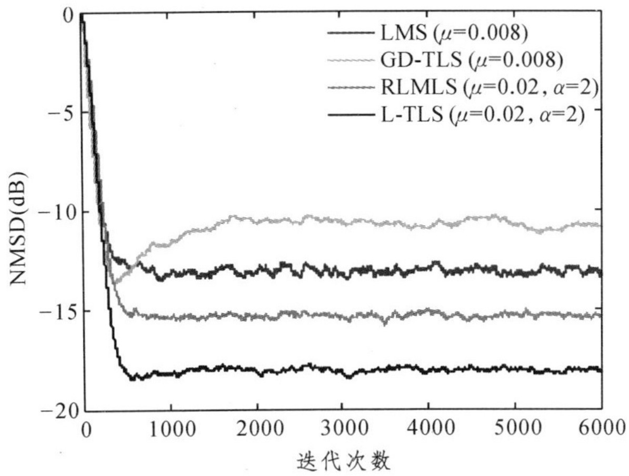

（b） $P_r = 0.05$， $\sigma_b^2 = 8$

图 3-7　LMS、GD-TLS、RLMLS 和 L-TLS 算法在高斯输入信号下的 NMSD 曲线

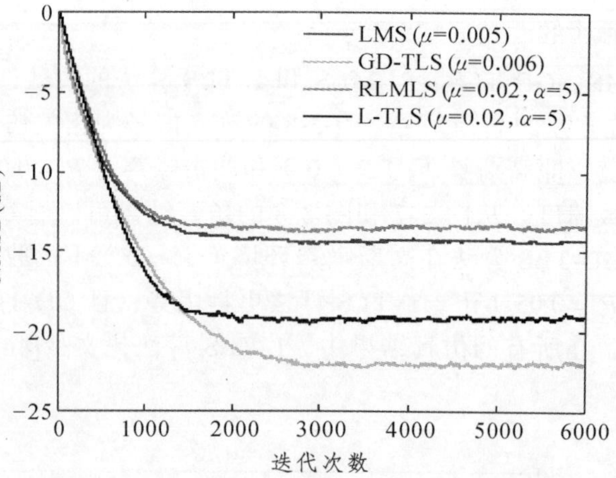

（a） $P_r = 0$

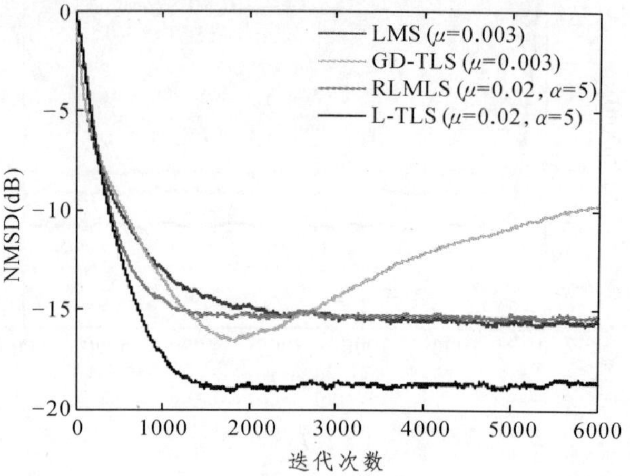

（b） $P_r = 0.05$，$\sigma_b^2 = 8$

图 3-8　LMS、GD-TLS、RLMLS 和 L-TLS 算法在 AR 相关输入信号下的 NMSD 曲线

3.4.3　小结

针对冲击噪声环境下基于 EIV 模型的参数估计问题，本小节结合对数函数对离群值的抑制特性提出了一种鲁棒的 L-TLS 算法，通过计算机仿真测试了算法对可调参数的敏感性，并验证了其相对于其他竞争算法的优越性。

3.5　广义最大总体相关熵（GMTCC）算法

近年来，ITL 在鲁棒自适应信号处理领域得到了广泛关注，基于 MCC 的鲁棒自适应滤波算法广泛应用于系统辨识和 ANC[23] [47] [48]。基于 MCC 对冲击噪声的不敏感性，一种鲁棒的最大总体相关熵（maximum total correntropy，MTC）算法被提出，并用于解决冲击噪声环境下基于 EIV 模型的参数估计。但是基于高斯核函数的 MTC 算法的性能并不是最优的，而广义高斯核函数具有更好的参数灵活性，本节提出一种基于 GMCC 的 TLS 算法，称为广义最大总体相关熵（generalized maximum total correntropy criterion，GMTCC）自适应滤波算法。相较于

MTC 算法，GMTCC 算法的性能更加突出。本小节介绍的 GMTCC 算法来自编者发表在《信号处理》上的文章《广义最大总体相关熵自适应滤波算法》[49]。

3.5.1　GMTCC 算法推导

给定两个随机变量 X 和 Y，二者的相关熵定义如下：

$$V(X,Y)=E(\kappa(X,Y))=\int\kappa(x,y)\mathrm{d}F_{XY}(x,y) \tag{3-40}$$

式中，E 表示期望运算；$\kappa(\cdot,\cdot)$ 是移位不变 mercer 核；$F_{XY}(x,y)$ 表示随机变量对(X, Y)的联合分布函数。

在 GMCC 中，将广义高斯函数作为核函数，即

$$G_{\alpha,\beta}(e)=\frac{\alpha}{2\beta\Gamma(1/\alpha)}\exp\left(-\left|\frac{e}{\beta}\right|^{\alpha}\right)=\gamma_{\alpha,\beta}\exp(-\lambda|e|^{\alpha}) \tag{3-41}$$

式中，$\Gamma(\cdot)$ 是伽马函数，$\alpha(\alpha>0)$ 是形状参数，$\beta(\beta>0)$ 是尺度参数，$\lambda=1/\beta^{\alpha}$ 是核参数，$\gamma_{\alpha,\beta}=\alpha/2\beta\Gamma(1/\alpha)$ 称为归一化常数。

因此，GMCC 可以定义为

$$V_{\alpha,\beta}(X,Y)=E(G_{\alpha,\beta}(X-Y)) \tag{3-42}$$

通过最大化如下代价函数：

$$J_{\mathrm{GMCC}}(\boldsymbol{w})=E(G_{\alpha,\beta}(e(n)))=E(\gamma_{\alpha,\beta}\exp(-\lambda|e(n)|^{\alpha})) \tag{3-43}$$

可以得到 GMCC 意义下的最优解。对于基于 EIV 模型的参数估计问题，将 GMCC 与 GD-TLS 算法结合构建一种新的鲁棒代价函数：

$$J_{\mathrm{GMTC}}(\boldsymbol{w})=E\left(G_{\alpha,\beta}\left(\frac{e(n)}{\|\bar{\boldsymbol{w}}\|_2}\right)\right)=E\left(\gamma_{\alpha,\beta}\exp\left(-\lambda\left|\frac{e(n)}{\|\bar{\boldsymbol{w}}\|_2}\right|^{\alpha}\right)\right) \tag{3-44}$$

令代价函数 $J_{\mathrm{GMTC}}(\boldsymbol{w})$ 对 $\boldsymbol{w}$ 求导，可以得到梯度向量：

$$\begin{aligned}\boldsymbol{g}_{\mathrm{GMTC}}(\boldsymbol{w})&=\frac{\partial J_{\mathrm{GMTC}}(\boldsymbol{w})}{\partial\boldsymbol{w}}=\frac{\partial E\left(\gamma_{\alpha,\beta}\exp\left(-\lambda\left|\frac{e(n)}{\|\bar{\boldsymbol{w}}\|_2}\right|^{\alpha}\right)\right)}{\partial\boldsymbol{w}}\\&=E\left(\gamma_{\alpha,\beta}\lambda\alpha\exp\left(-\lambda\left|\frac{e(n)}{\|\bar{\boldsymbol{w}}\|_2}\right|^{\alpha}\right)\left|\frac{e(n)}{\|\bar{\boldsymbol{w}}\|_2}\right|^{\alpha-1}\mathrm{sign}\left(\frac{e(n)}{\|\bar{\boldsymbol{w}}\|_2}\right)\frac{\|\bar{\boldsymbol{w}}\|_2\tilde{\boldsymbol{x}}+e(n)\dfrac{\boldsymbol{w}}{\|\bar{\boldsymbol{w}}\|_2}}{\|\bar{\boldsymbol{w}}\|_2^2}\right)\end{aligned} \tag{3-45}$$

类似于 LMS 算法，使用瞬时值代替期望值，可以得到如下瞬时梯度：

$$\hat{\boldsymbol{g}}_{\mathrm{GMTC}}(\boldsymbol{w})=\gamma_{\alpha,\beta}\lambda\alpha\exp\left(-\lambda\left|\frac{e(n)}{\|\bar{\boldsymbol{w}}\|_2}\right|^{\alpha}\right)\left|\frac{e(n)}{\|\bar{\boldsymbol{w}}\|_2}\right|^{\alpha-1}\times\operatorname{sign}\left(\frac{e(n)}{\|\bar{\boldsymbol{w}}\|_2}\right)\frac{\|\bar{\boldsymbol{w}}\|_2\tilde{\boldsymbol{x}}+e(n)\dfrac{\boldsymbol{w}}{\|\bar{\boldsymbol{w}}\|_2}}{\|\bar{\boldsymbol{w}}\|_2^2} \tag{3-46}$$

利用梯度上升法，得到 GMTC 算法的权重更新公式：

$$\begin{aligned}\boldsymbol{w}(n+1)&=\boldsymbol{w}(n)+\eta\hat{\boldsymbol{g}}_{\mathrm{GMTC}}(\boldsymbol{w}(n))\\&=\boldsymbol{w}(n)+\mu\exp\left(-\lambda\left|\frac{e(n)}{\|\bar{\boldsymbol{w}}(n)\|_2}\right|^{\alpha}\right)\left|\frac{e(n)}{\|\bar{\boldsymbol{w}}(n)\|_2}\right|^{\alpha-1}\times\\&\quad\operatorname{sign}\left(\frac{e(n)}{\|\bar{\boldsymbol{w}}(n)\|_2}\right)\frac{\|\bar{\boldsymbol{w}}(n)\|_2\tilde{\boldsymbol{x}}(n)+e(n)\dfrac{\boldsymbol{w}(n)}{\|\bar{\boldsymbol{w}}(n)\|_2}}{\|\bar{\boldsymbol{w}}(n)\|_2^2}\end{aligned} \tag{3-47}$$

式中，$\mu=\eta\gamma_{\alpha,\beta}\lambda\alpha$ 是步长参数，且 $\eta>0$。

GMTC 自适应滤波算法的伪代码汇总如表 3-5 所示。

表 3-5　GMTC 算法的伪代码

初始化	选择合适的 μ,α,β，初始化权值向量 $\boldsymbol{w}(0)$

算法实现	for　$n=1,2,\cdots$, do
	%计算输出
	$y(n)=\boldsymbol{w}^{\mathrm{T}}(n)\tilde{\boldsymbol{x}}(n)$
	%计算输出误差
	$e(n)=\tilde{d}(n)-\boldsymbol{w}^{\mathrm{T}}(n)\tilde{\boldsymbol{x}}(n)$
	%权值更新公式
	$\boldsymbol{w}(n+1)=\boldsymbol{w}(n)+\mu\exp\left(-\lambda\left\|\frac{e(n)}{\|\bar{\boldsymbol{w}}(n)\|_2}\right\|^{\alpha}\right)\left\|\frac{e(n)}{\|\bar{\boldsymbol{w}}(n)\|_2}\right\|^{\alpha-1}\times$
	$\operatorname{sign}\left(\frac{e(n)}{\|\bar{\boldsymbol{w}}(n)\|_2}\right)\frac{\|\bar{\boldsymbol{w}}(n)\|_2\tilde{\boldsymbol{x}}(n)+e(n)\frac{\boldsymbol{w}(n)}{\|\bar{\boldsymbol{w}}(n)\|_2}}{\|\bar{\boldsymbol{w}}(n)\|_2^2}$
	end for

当 $\alpha=2$ 时，GMTC 的权重更新公式退化为

$$\boldsymbol{w}(n+1)=\boldsymbol{w}(n)+\mu\exp\left(-\frac{e^2(n)}{2\sigma^2\|\bar{\boldsymbol{w}}(n)\|_2^2}\right)\frac{\|\bar{\boldsymbol{w}}(n)\|_2^2e(n)\tilde{\boldsymbol{x}}(n)+e(n)^2\boldsymbol{w}(n)}{\|\bar{\boldsymbol{w}}(n)\|_2^4} \tag{3-48}$$

可以看出，此时的 GMTC 算法等价于 MTC 算法，换句话说，GMTC 算法是 MTC 算法的一般形式。

3.5.2 计算机仿真

本小节通过计算机仿真验证 GMTC 算法的性能。待估系统参数向量 $\boldsymbol{h}$ 由−0.5 到 0.5 之间的均匀分布产生，长度为 L=9。输入噪声和输出背景噪声分别是方差为 σ_i^2 和 σ_b^2 的零均值高斯噪声。选择步长，确保所有算法的初始收敛速度相同。采用 NMSD 来衡量算法的收敛性能。所有的仿真结果均由 100 次独立的蒙特卡洛仿真求平均值得到。

3.5.2.1 高斯输入

本实验采用零均值、单位方差的高斯过程作为输入信号。图 3-9 和图 3-10 分别给出了不同的冲击噪声发生概率 P_r 以及不同的输出输入噪声方差比率下的 MCC、GMCC[22]、GDTLS、MTC[40]、TLMM[41]以及 GMTC 算法的 NMSD 学习曲线。

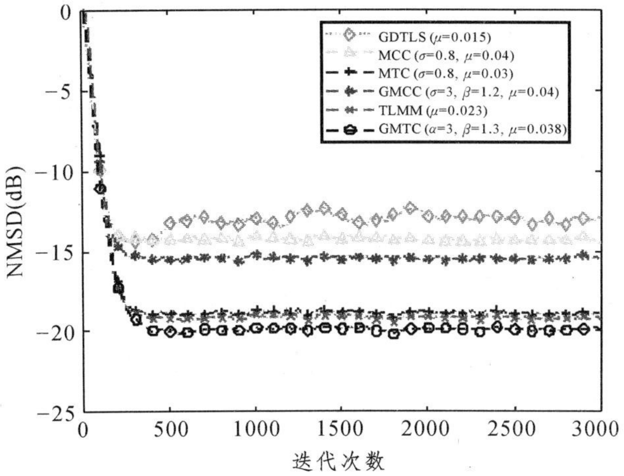

图 3-9　高斯输入下算法的 NMSD 学习曲线（$\sigma_i^2=0.1,\sigma_b^2=0.1,\sigma_c^2=20,P_r=0.01$）

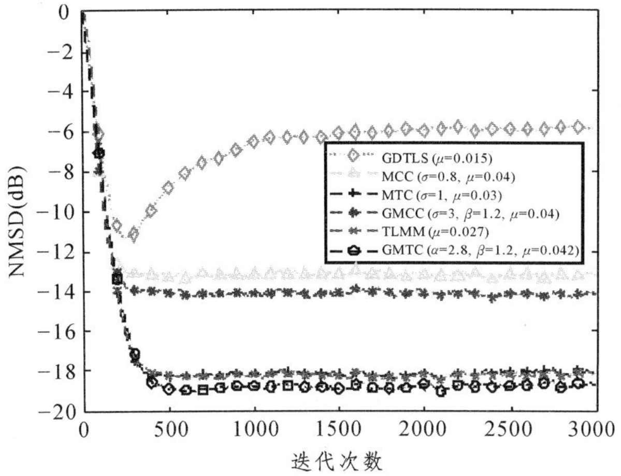

图 3-10　高斯输入下算法的 NMSD 学习曲线（$\sigma_i^2=0.1,\sigma_b^2=0.2,\sigma_c^2=20,P_r=0.05$）

表 3-6 给出了图 3-9 和图 3-10 所示的所有算法的参数。从图 3-10 和图 3-11 的仿真结果可以看出，GDTLS 算法在冲击噪声环境下的收敛性能变差，甚至出现发散，而所有的鲁棒自适应算法在冲击噪声环境下均能收敛。随着冲击噪声发生概率的增加，所有算法的稳态 NMSD 均有所增加。相较于 MTC 和 TLMM 算法，GMTC 算法有着更低的稳态 NMSD。

表 3-6　高斯输入下算法的参数设置

算法	图 3-9 参数值	图 3-10 参数值
GD-TLS	μ=0.015	μ=0.015
MCC	σ=0.8, μ=0.04	σ=0.8, μ=0.04
MTC	σ=0.8, μ=0.03	σ=1, μ=0.03
GMCC	$\alpha=3, \beta=1.2, \mu=0.04$	$\alpha=3, \beta=1.2, \mu=0.04$
TLMM	μ=0.023	μ=0.027
GMTC	$\alpha=3, \beta=1.3, \mu=0.038$	$\alpha=2.8, \beta=1.2, \mu=0.042$

3.5.2.2　AR（1）输入

本仿真采用 AR（1）过程作为输入信号。将一个零均值、单位方差的高斯过程输入一阶自回归系统 $G(z)=1/(1-0.8z^{-1})$ 产生 AR（1）信号[41]。在不同的冲击噪声发生概率 P_r 及不同的输出输入噪声方差比率设置下展开算法的性能比较。

表 3-7 给出了图 3-11 和图 3-12 所示的所有算法的参数。从图 3-11 和图 3-12 的仿真结果可知，GMTC 算法显著提高了 GDTLS 算法在冲击噪声环境下的鲁棒性，且性能提高的程度随着冲击噪声发生概率 P_r 的增加愈发明显。同时，GMTC 算法相比 MTC 和 TLMM 算法具有更加出色的收敛性能。

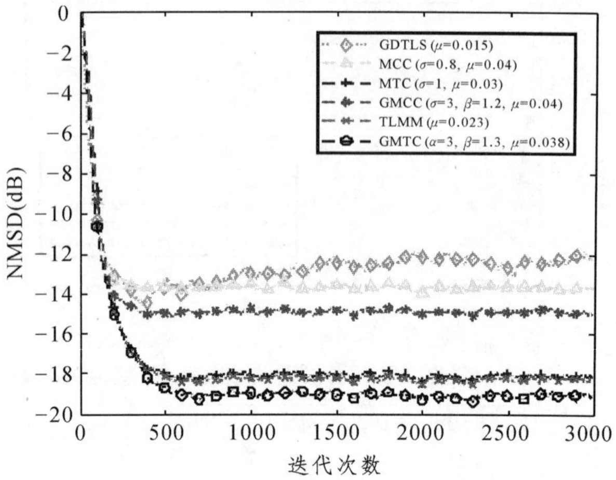

图 3-11　AR（1）输入下算法的 NMSD 学习曲线（ $\sigma_i^2=0.1, \sigma_b^2=0.1, \sigma_c^2=20, P_r=0.01$ ）

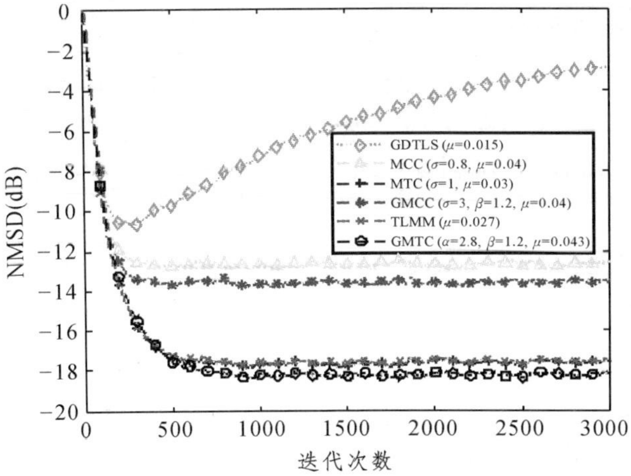

图 3-12　AR（1）输入下算法的 NMSD 学习曲线（ $\sigma_i^2=0.1, \sigma_b^2=0.2, \sigma_c^2=20, P_r=0.05$ ）

表 3-7　AR（1）输入下算法的参数设置

算法	图 3-11 参数值	图 3-12 参数值
GD-TLS	μ=0.015	μ=0.015
MCC	σ=0.8, μ=0.04	σ=0.8, μ=0.04
MTC	σ=0.8, μ=0.03	σ=1, μ=0.03
GMCC	$\alpha=3, \beta=1.2, \mu=0.04$	$\alpha=3, \beta=1.2, \mu=0.04$
TLMM	μ=0.023	μ=0.027
GMTC	$\alpha=3, \beta=1.3, \mu=0.038$	$\alpha=2.8, \beta=1.2, \mu=0.043$

3.5.3　结论

本小节介绍了一种基于 GMCC 的鲁棒 TLS 算法，称为 GMTC。在冲击噪声环境下基于 EIV 模型的参数估计中，GMTC 可实现比 MTC 算法更佳的估计性能。这是由于 GMTC 算法采用了广义高斯函数作为核函数，具有更好的参数灵活性。冲击噪声环境下的系统辨识结果表明，GMTC 算法不仅提高了 GDTLS 算法的鲁棒性，且优于已有的 MTC 和 TLMM 算法。

3.6　双曲正割总体最小二乘算法

双曲正割函数因其具有的非线性特性特别适合于抑制冲击噪声干扰[18] [50] [51]。基于这一优势，本小节介绍一种基于双曲正割函数的鲁棒 TLS 算法，称为双曲正割 TLS（hyperbolic secant total least squares，HSTLS）算法，其显著提高了 GD-TLS 算法对冲击噪声的鲁棒性。此外，为了克服 HSTLS 算法在固定步长下收敛速度与稳态失调无法兼顾的矛盾，提出了一种变步长 HSTLS（variable step size hyperbolic secant total least squares，VSS-HSTLS）算法。相较于 HSTLS 算法。VSS-HSTLS 的收敛性能更好，主要表现在收敛速度和稳态失调两个方面。本小节介绍的 HSTLS 算法来自编者发表在会议 *International Conference on Digital Signal Processing*, 2021 上的文章 *Hyperbolic Secant Total Least Squares Adaptive Filter Algorithm for Suppressing Impulse Noise*[52]。

3.6.1 HSTLS 算法的推导

将双曲正割函数引入 GD-TLS 算法的代价函数中，构造如下代价函数：

$$J_{\mathrm{HSTLS}}(\boldsymbol{w})=E\left(\operatorname{sech}\left(\frac{e^2(n)}{\|\bar{\boldsymbol{w}}\|_2^2}\right)\right) \tag{3-49}$$

式中，$\operatorname{sech}(\cdot)$ 称为双曲正割函数；$e(n)=\tilde{d}(n)-\boldsymbol{w}^{\mathrm{T}}\tilde{\boldsymbol{x}}(n)$ 表示估计误差。

利用梯度上升法最大化代价函数（3-49），以期得到系统参数的最优估计。首先，求 $J_{\mathrm{HSTLS}}(\boldsymbol{w})$ 相对于 $\boldsymbol{w}$ 的梯度向量如下：

$$\begin{aligned}\boldsymbol{g}_{\mathrm{HSTLS}}(\boldsymbol{w})&=\frac{\partial J_{\mathrm{HSTLS}}(\boldsymbol{w})}{\partial \boldsymbol{w}}\\&=\frac{\partial}{\partial \boldsymbol{w}}E\left(\operatorname{sech}\left(\frac{e^2(n)}{\|\bar{\boldsymbol{w}}\|_2^2}\right)\right)\\&=E\left(2\operatorname{sech}\left(\frac{e^2(n)}{\|\bar{\boldsymbol{w}}\|_2^2}\right)\tanh\left(\frac{e^2(n)}{\|\bar{\boldsymbol{w}}\|_2^2}\right)\frac{\|\bar{\boldsymbol{w}}\|_2^2 e(n)\tilde{\boldsymbol{x}}(n)+e^2(n)\boldsymbol{w}}{\|\bar{\boldsymbol{w}}\|_2^4}\right)\end{aligned} \tag{3-50}$$

式中，$\tanh(\cdot)$ 称为双曲正切函数。

实际上，真实的梯度向量 $\boldsymbol{g}_{\mathrm{HSTLS}}(\boldsymbol{w})$ 是无法得到的，考虑使用瞬时梯度向量 $\hat{\boldsymbol{g}}_{\mathrm{HSTLS}}(\boldsymbol{w})$ 来近似真实梯度向量，即

$$\hat{\boldsymbol{g}}_{\mathrm{HSTLS}}(\boldsymbol{w})=2\operatorname{sech}\left(\frac{e^2(n)}{\|\bar{\boldsymbol{w}}\|_2^2}\right)\tanh\left(\frac{e^2(m)}{\|\bar{\boldsymbol{w}}\|_2^2}\right)\frac{\|\bar{\boldsymbol{w}}\|_2^2 e(n)\tilde{\boldsymbol{x}}(n)+e^2(n)\boldsymbol{w}}{\|\bar{\boldsymbol{w}}\|_2^4} \tag{3-51}$$

利用梯度上升法，HSTLS 算法的权重更新公式可以表示为

$$\begin{aligned}\boldsymbol{w}(n+1)&=\boldsymbol{w}(n)+\eta\hat{\boldsymbol{g}}_{\mathrm{HSTLS}}(\boldsymbol{w}(n))\\&=\boldsymbol{w}(n)+\mu\operatorname{sech}\left(\frac{e^2(n)}{\|\bar{\boldsymbol{w}}(n)\|_2^2}\right)\tanh\left(\frac{e^2(n)}{\|\bar{\boldsymbol{w}}(n)\|_2^2}\right)\times\\&\quad\frac{\|\bar{\boldsymbol{w}}(n)\|_2^2 e(n)\tilde{\boldsymbol{x}}(n)+e^2(n)\boldsymbol{w}(n)}{\|\bar{\boldsymbol{w}}(n)\|_2^4}\end{aligned} \tag{3-52}$$

式中，$\mu=2\eta$ 是步长。

图 3-13 给出了 LMS、HSLMS、GD-TLS 以及 HSTLS 算法的代价函数随误差的变化曲线。从图 3-13 可以看出，LMS 算法和 GD-TLS 算法的代价函数是“V”形的，而 HSLMS 算法和 HSTLS 算法的代价函数是“Λ”形的。众所周知，基于“Λ”形代价函数的自适应算法对冲击噪声具有鲁棒性[53]。图 3-14 给出了 LMS、HSLMS、GD-TLS 以及 HSTLS 算法的代价函数相对于误差的一阶导数随误差的变化曲线。通过观察可以得出结论：与 GD-TLS 算法相比，当误差信号幅值较大时，HSTLS 算法的代价函数相对于误差的一阶导数较小，因此，HSTLS 算法可以抑制冲击噪声带来的负面影响。表 3-8 给出了 HSTLS 算法的伪代码。

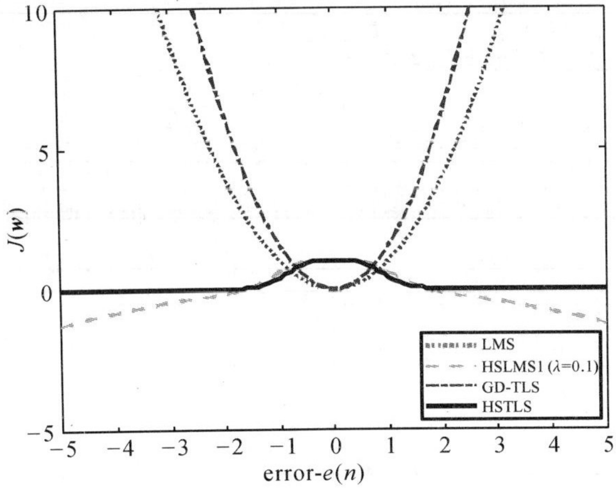

图 3-13　不同算法的代价函数

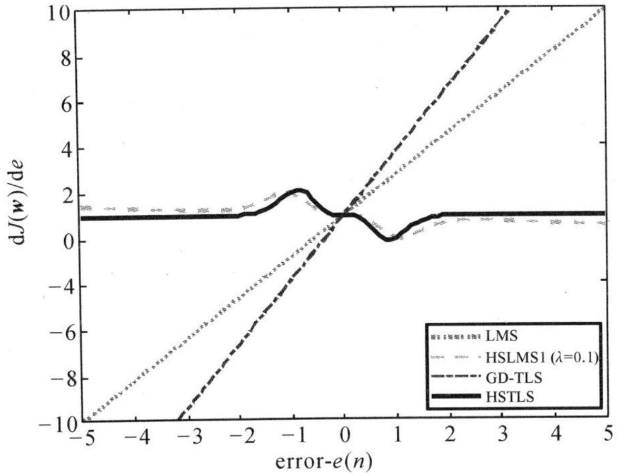

图 3-14　不同算法代价函数对估计误差的一阶导数随误差的变化曲线

表 3-8　HSTLS 算法的伪代码

初始化	$\boldsymbol{w}(0)=\mathbf{0}$
输入	$\mu>0$
算法实现	for $n=0,1,2,\cdots$ $e(n)=\tilde{d}(n)-\boldsymbol{w}^{\mathrm{T}}(n)\tilde{\boldsymbol{x}}(n)$ $\boldsymbol{w}(n+1)=\boldsymbol{w}(n)+\mu\operatorname{sech}\left(\dfrac{e^2(n)}{\lVert\bar{\boldsymbol{w}}(n)\rVert_2^2}\right)\tanh\left(\dfrac{e^2(n)}{\lVert\bar{\boldsymbol{w}}(n)\rVert_2^2}\right)\dfrac{\lVert\bar{\boldsymbol{w}}(n)\rVert_2^2 e(n)\tilde{\boldsymbol{x}}(n)+e^2(n)\boldsymbol{w}(n)}{\lVert\bar{\boldsymbol{w}}(n)\rVert_2^4}$ end

3.6.2　VSS-HSTLS 算法

固定步长 HSTLS 算法无法兼顾收敛速度与稳态失调。为了改善这一状况，本小节提出一种 VSS-HSTLS 算法，其步长更新公式如下[44] [54]：

$$\mu(n+1)=\alpha\mu(n)+\beta\operatorname{sech}\left(\frac{e^2(n)}{\|\bar{\boldsymbol{w}}(n)\|_2^2}\right) \tag{3-53}$$

式中，参数$0<\alpha<1$和$\beta>0$。从式（3-53）可以看出，当误差信号不含有冲击噪声时，双曲函数sech(·)基本不起作用，步长的变化很小，而估计误差幅值的增加将导致步长增大，从而能够实现较好的跟踪能力。当出现冲击噪声干扰时，由于双曲正割函数的存在，步长参数不会因此发生突变。换句话说，该VSS方案对冲击噪声具有鲁棒性。

考虑到VSS策略的实用性，分别设置步长的上限$\mu_{\max}$和下限$\mu_{\min}$，即

$$\mu(n+1)=\begin{cases}\mu_{\min}, & \mu(n+1)<\mu_{\min}\\ \mu_{\max}, & \mu(n+1)>\mu_{\max}\\ \mu(n+1), & \text{其他}\end{cases} \tag{3-54}$$

通常将算法的初始步长$\mu(0)$设置为$\mu_{\max}$，以实现较快的初始收敛速度。将VSS策略（3-53）~（3-54）和HSTLS算法相结合得到VSS-HSTLS算法，其权重更新公式如下：

$$\boldsymbol{w}(n+1)=\boldsymbol{w}(n)+\mu(n)\operatorname{sech}\left(\frac{e^2(n)}{\|\bar{\boldsymbol{w}}(n)\|_2^2}\right)\tanh\left(\frac{e^2(n)}{\|\bar{\boldsymbol{w}}(n)\|_2^2}\right)\frac{\|\bar{\boldsymbol{w}}(n)\|_2^2 e(n)\tilde{\boldsymbol{x}}(n)+e^2(n)\boldsymbol{w}(n)}{\|\bar{\boldsymbol{w}}(n)\|_2^4} \tag{3-55}$$

为清晰起见，表3-9总结了VSS-HSTLS算法的伪代码。

表3-9 VSS-HSTLS算法的伪代码

初始化	$\boldsymbol{w}(0)=\boldsymbol{0}$， $\mu=\mu_{\max}$
输入	$0<\alpha<1$，$\beta>0$，$\mu_{\max}$，$\mu_{\min}$
算法实现	For $n=0,1,2,\cdots$ $e(n)=\tilde{d}(n)-\boldsymbol{w}^{\mathrm{T}}\tilde{\boldsymbol{x}}(n)$ $\mu(n+1)=\alpha\mu(n)+\beta\operatorname{sech}\left(\frac{e^2(n)}{\|\bar{\boldsymbol{w}}(n)\|_2^2}\right)$ $\mu(n+1)=\begin{cases}\mu_{\min}, & \mu(n+1)<\mu_{\min}\\ \mu_{\max}, & \mu(n+1)>\mu_{\max}\\ \mu(n+1), & \text{其他}\end{cases}$ $\boldsymbol{w}(n+1)=\boldsymbol{w}(n)+\mu(n)\operatorname{sech}\left(\frac{e^2(n)}{\|\bar{\boldsymbol{w}}(n)\|_2^2}\right)\tanh\left(\frac{e^2(n)}{\|\bar{\boldsymbol{w}}(n)\|_2^2}\right)\frac{\|\bar{\boldsymbol{w}}(n)\|_2^2 e(n)\tilde{\boldsymbol{x}}(n)+e^2(n)\boldsymbol{w}(n)}{\|\bar{\boldsymbol{w}}(n)\|_2^4}$ End

3.6.3　计算复杂度分析

表 3-10 比较了 LMS、HSLMS[18]、GD-TLS[10]、HSTLS 和 VSS-HSTLS 算法的计算复杂度。可以看出，与 GD-TLS 算法相比，HSTLS 算法额外增加了 2 次乘法、1 次加法、1 次除法和 2 次双曲函数计算。而 VSS-HSTLS 算法相比 HSTLS 算法，又增加了 2 次乘法和 1 次除法，计算复杂度略有增加。虽然 HSTLS 和 VSS-HSTLS 算法计算复杂度增加了，但提高了性能。

表 3-10　各算法的计算复杂度

算法	乘法	加法	除法	双曲正割函数计算
LMS	$2L$+1	$2L$	0	0
HSLMS	$2L$+5	$2L$+1	1	2
GD-TLS	$5L$+3	$4L$	2	0
HSTLS	$5L$+5	$4L$+1	3	2
VSS-HSTLS	$5L$+7	$4L$+2	3	2

3.6.4　计算机仿真

本小节通过系统辨识计算机仿真对 HSTLS 和 VSS-HSTLS 算法的性能进行测试，未知系统参数向量 $\boldsymbol{w}_o$ 长度是 L=8，$\boldsymbol{w}_o$ 由−0.5 到 0.5 之间的均匀分布生成，并进行归一化 $\|\boldsymbol{w}_o\|=1$。冲击噪声采用 CG 模型。为了保证公平性，所有算法的初始收敛速度相同。所有仿真结果均是 100 次独立的蒙特卡洛仿真结果取平均值产生。采用 NMSD 作为算法的性能评价指标。

3.6.4.1　高斯输入

本实验中，输入信号是零均值、单位方差的高斯信号。图 3-15 比较了 LMS、HSLMS、GD-TLS、HSTLS 以及 VSS-HSTLS 算法的 NMSD 性能。从图 3-15 可以看出，HSTLS 算法相比 HSLMS 算法具有更好的收敛性能，这是因为 HSLMS 算法在设计之初没有考虑到输入噪声的影响，因此会产生一个有偏估计，而 HSTLS 算法充分考虑到输入噪声的影响并消除该影响。冲击噪声干扰下，LMS 和 GD-TLS 算法的稳态性能均较差，而 HSTLS 和 VSS-HSTLS 算法均具有较低的稳态 NMSD，且 VSS-HSTLS 算法具有最低的稳态 NMSD。

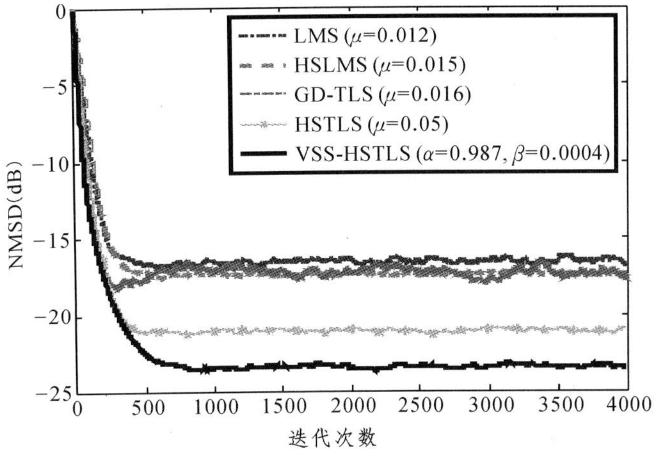

（a）$\sigma_i^2=\sigma_b^2=0.1, \sigma_c^2=10, P_r$=0.01

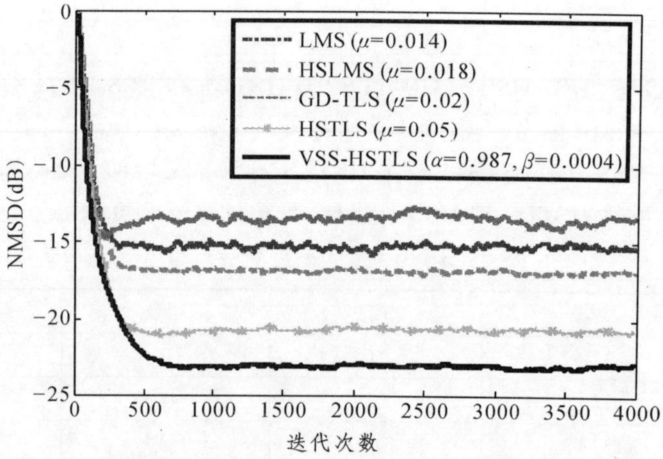

（b）$\sigma_i^2 = \sigma_b^2 = 0.1, \sigma_c^2 = 10, P_r$=0.02

图 3-15　高斯输入下的不同算法的 NMSD 学习曲线

注：VSS-HSTLS 算法，$\mu_{\max}$=0.12, $\mu_{\min}$=0.001。

3.6.4.2　AR（1）输入

本实验采用 AR（1）过程作为输入信号，其由零均值、单位方差的高斯过程通过一个 AR（1）系统 $C(z)=1/(1-0.8z^{-1})$ 产生[55]。仿真结果如图 3-16 所示。从图 3-16 可以看出，在 AR（1）相关输入下，所有算法的收敛速度均有所减慢，但 HSTLS 和 VSS-HSTLS 仍然具有更低的 NMSD，且 VSS-HSTLS 算法的稳态 NMSD 最低。

3.6.4.3　与 MTC 和 TLMM 算法的性能比较

本小节分别在高斯和 AR（1）输入信号下比较了 MTC[40]、TLMM[41]算法与 HSTLS 和 VSS-HSTLS 算法的 NMSD 性能。为了体现出核宽对 MTC 算法的影响，设置了 4 种不同的核宽，仿真结果如图 3-17 和图 3-18 所示。可以看出，当 MTC 算法的核宽为 0.5 时，算法的稳态 NMSD 最高，与其他鲁棒 TLS 算法相比，HSTLS 算法的优势并不突出，而 VSS-HSTLS 算法具有最低的稳态 NMSD。

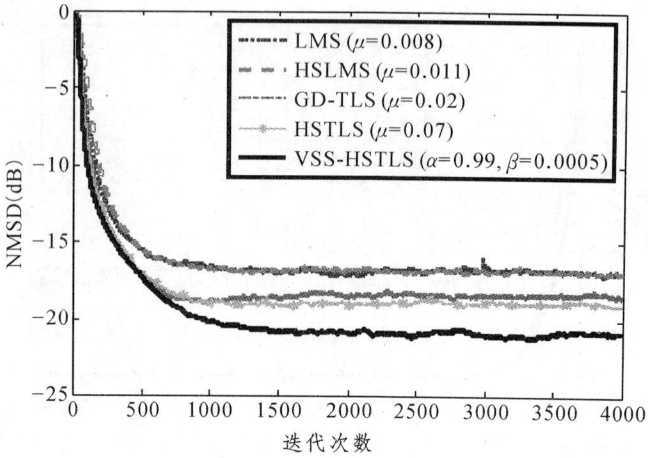

（a）$\sigma_i^2 = 0.1, \sigma_b^2 = 0.2, \sigma_c^2 = 8, P_r$=0.01

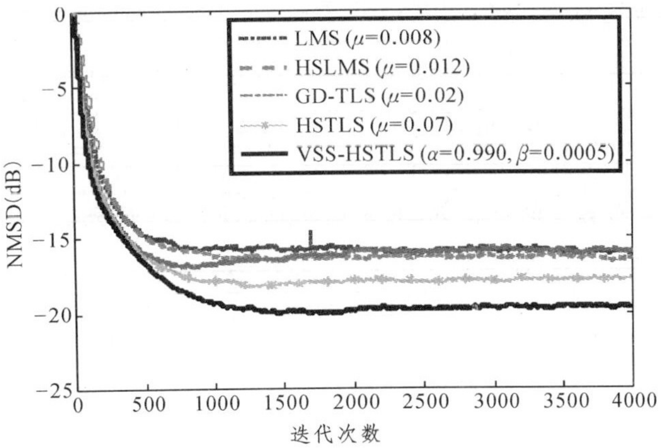

（b） $\sigma_i^2=0.1,\sigma_b^2=0.2,\sigma_c^2=8,P_r$=0.02

图 3-16　AR（1）输入信号下算法的 NMSD 学习曲线

注：VSS-HSTLS 算法，$\mu_{\max}$=0.15, $\mu_{\min}$=0.001。

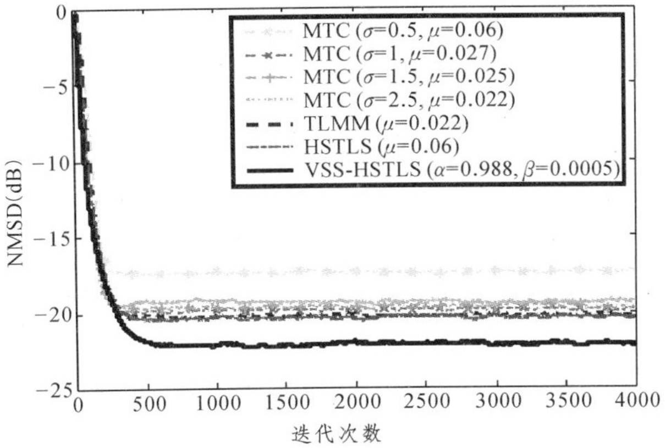

图 3-17　高斯输入信号下 MTC、TLMM、HSTLS 和 VSS-HSTLS 算法的 NMSD 学习曲线

注：① 参数设置：$\sigma_i^2=\sigma_b^2=0.1,\sigma_c^2=10,P_r$=0.01；

② VSS-HSTLS 算法：$\mu_{\max}$=0.12, $\mu_{\min}$=0.001。

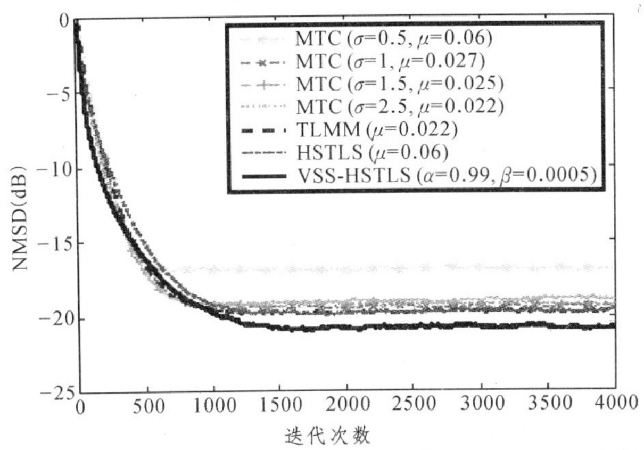

图 3-18　AR（1）输入信号下 MTC、TLMM、HSTLS 和 VSS-HSTLS 算法的 NMSD 学习曲线

注：① 参数设置：$\sigma_i^2=0.1,\sigma_b^2=0.2,\sigma_c^2=10,P_r$=0.01；

② VSS-HSTLS 算法：$\mu_{\max}=0.15$, $\mu_{\min}=0.001$。

3.6.4.4 声学回声消除

本小节在声学回波消除（acoustic echo cancellation，AEC）下对算法的性能进行测试。图 3-19 给出了 AEC 的原理图。AEC 问题实质上是一个系统辨识问题，通过自适应滤波器辨识真实的回波传递路径，从而在远端将声学回波消除，保证较好的通话质量。远端信号选取一段采样频率为 8 kHz 的实测语音信号，如图 3-20 所示。回声传递路径的冲激响应是稀疏的，设置为$[0.5,0.5,0,0,0,0.5,0,0,0.5,0,0,0,0,0,0,0]^{\mathrm{T}}$，长度为 16。图 3-21 给出了语音输入信号下算法的 NMSD 学习曲线（单次运行）。可以看出，GD-TLS 算法的性能严重恶化，而 HSTLS 有着较好的鲁棒性，VSS-HSTLS 算法由于引入了自适应步长表现最佳。

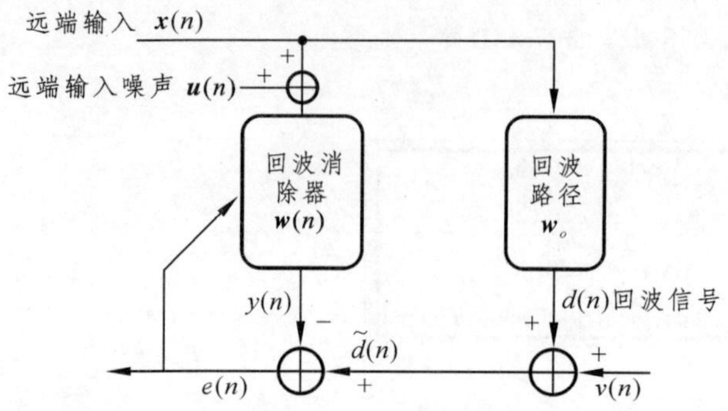

图 3-19　AEC 原理图

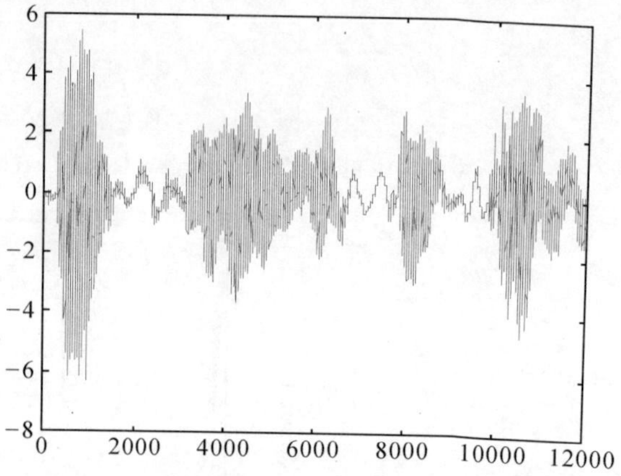

图 3-20　实测语音信号（采样频率为 8 kHz）

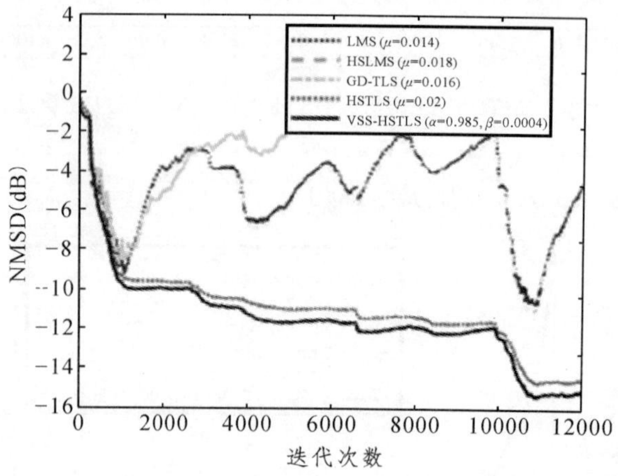

图 3-21　语音输入信号下不同算法的 NMSD 学习曲线

注：①参数设置：$\sigma_i^2=\sigma_b^2=0.1,\sigma_c^2=10,P_r$=0.01；
②VSS-HSTLS 算法：$\mu_{\max}$=0.12, $\mu_{\min}$=0.001。

3.6.5 小结

双曲正割函数可以很好地抑制异常值，本小节提出了 HSTLS 算法，将双曲正割函数与

TLS 算法相结合，很好地解决了冲击噪声环境下基于 EIV 模型的参数估计问题。为了兼顾算法的收敛速度与稳态失调，提出了 VSS-HSTLS 算法。计算机仿真表明，对于冲击噪声环境下基于 EIV 模型的参数估计问题，HSTLS 和 VSS-HSTLS 算法表现出色，在 AEC 实际应用下同样如此。

第 4 章　鲁棒变步长分布式 NLMS 算法

4.1　引　言

随着传感器技术和无线通信技术的迅速发展，WSN 已广泛应用于智能农业、环境监测、救灾管理等众多领域[3] [56]。2006 年，A. H. Sayed 教授首次提出了分布式自适应网络的概念，并开辟了一个新的研究方向——分布式自适应估计，国内外学者广泛关注并展开研究[57]。根据网络节点间的协作策略，分布式自适应估计算法可以分为增量型[5]、一致型[58]和扩散型[8]。由于环形网络和顺序节点通信的方法，增量型策略具有最小的通信压力。然而对于大型的分布式网络，令众多节点形成一个闭合的环形网络是一个 NP 问题。此外已有文献证明，基于一致型策略的分布式 LMS 算法存在不稳定问题，算法稳定性与网络拓扑结构有关[8]。相较于以上两种协作策略，基于扩散型策略的分布式自适应算法不仅不存在稳定性问题，且具有更好的收敛性能。基于 MMSE 准则和高斯噪声假设的扩散型 LMS（diffusion least mean square，DLMS）算法和扩散型 NLMS（diffusion normalized least mean square，DNLMS）算法，由于结构简单且易于实现从而得到了广泛的应用[6]。然而，与单一自适应滤波器类似，当网络中任一节点的观测值被冲击噪声污染时，由于节点间的信息交换和融合，DLMS 和 DNLMS 算法的性能将严重下降。为了提高分布式自适应算法对冲击噪声的鲁棒性，下面将介绍两种鲁棒分布式变步长 NLMS 算法。

4.2　鲁棒增量型变步长 NLMS 算法

本小节介绍的鲁棒增量型 VSS-NLMS 算法来自编者发表在 *signal processing* 上的文章 *Robust incremental normalized least mean square algorithm with variable step sizes over distributed networks*[59]。

4.2.1　算法推导

分布式增量 NLMS 算法对冲击噪声不具备鲁棒性，为克服这一缺陷，需要对其代价函数进行鲁棒性改进，首先定义一个基于 Huber 函数的全局网络优化问题：

$$\min_{w} J(\boldsymbol{w}) = \sum_{k=1}^{N} E\left(\varphi\left(\frac{d_k(i) - \boldsymbol{u}_k^{\mathrm{T}}(i)\boldsymbol{w}}{\|\boldsymbol{u}_k(i)\|_2}\right)\right) \tag{4-1}$$

式中，$\varphi(\cdot)$ 表示 Huber 函数[60]，即

$$\varphi(x)=\begin{cases}\dfrac{x^2}{2}, & |x|\leqslant\sqrt{\delta}\\ \sqrt{\delta}|x|-\dfrac{\delta}{2}, & |x|>\sqrt{\delta}\end{cases} \tag{4-2}$$

其中，$\delta(\delta>0)$ 称为截止参数，它决定了算法的抗冲击噪声能力以及瞬态收敛行为。由于 $\varphi(x)$ 是关于 x 的非二次函数，所以很难从最小化问题（4-1）中获得一个闭式解，故需要考虑它的迭代解。

基于梯度下降法，网络在时刻 i 的全局估计 $\boldsymbol{w}(i)$ 的更新公式如下：

$$\begin{aligned}\boldsymbol{w}(i+1)&=\boldsymbol{w}(i)-\left.\frac{\partial J(\boldsymbol{w})}{\partial \boldsymbol{w}}\right|_{\boldsymbol{w}=\boldsymbol{w}(i)}\\ &=\boldsymbol{w}(i)+\sum_{k=1}^{N}E\left(\varphi'\left(\frac{d_k(i)-\boldsymbol{u}_k^{\mathrm{T}}(i)\boldsymbol{w}(i)}{\|\boldsymbol{u}_k(i)\|_2}\right)\frac{\boldsymbol{u}_k(i)}{\|\boldsymbol{u}_k(i)\|_2}\right)\\ &\overset{(a)}{\approx}\boldsymbol{w}(i)+\sum_{k=1}^{N}\varphi'\left(\frac{d_k(i)-\boldsymbol{u}_k^{\mathrm{T}}(i)\boldsymbol{w}(i)}{\|\boldsymbol{u}_k(i)\|_2}\right)\frac{\boldsymbol{u}_k(i)}{\|\boldsymbol{u}_k(i)\|_2}\end{aligned} \tag{4-3}$$

式中

$$\varphi'(x)=\frac{\partial\varphi(x)}{\partial x}=\begin{cases}x, & |x|\leqslant\sqrt{\delta}\\ \sqrt{\delta}\,\mathrm{sign}(x), & |x|>\sqrt{\delta}\end{cases} \tag{4-4}$$

式（4-3）中的近似(a)采用真实梯度向量在 i 时刻的瞬时近似，这是因为真实梯度向量包含期望运算，通常难以得到。式（4-3）是最小化问题（4-1）的集中式解，它分两步实现：① 在时刻 i，所有节点将自身获得的数据对 $\{d_k(i),\boldsymbol{u}_k(i)\}$ 发送到中心处理器；② 中心处理器利用当前时刻的估计值 $\boldsymbol{w}(i)$ 和接收到的数据执行式（4-3）从而得到一个新的估计值 $\boldsymbol{w}(i+1)$。可以看到，集中式估计的缺点是需要一个强大的中心处理器以及较高的通信负担。为了克服这些缺点，考虑使用增量型分布式策略来代替集中式解（4-3）。而且，归因于节点之间的信息交流与合作，增量型分布式解还有比集中式解更好的估计精度[61]。增量型合作策略的原理是：① 在时刻 i，节点 k 利用前一个节点 k−1 发送过来的局部估计值 $\boldsymbol{\psi}_{k-1}(i)$ 和自身采集的数据对 $\{d_k(i),\boldsymbol{u}_k(i)\}$ 进行自适应更新，获得节点 k 的局部估计值 $\boldsymbol{\psi}_k(i)$，然后将其传送给下一个节点 k+1；② 在所有节点执行完自适应更新之后，末尾节点 N 的局部估计值 $\boldsymbol{\psi}_N(i)$ 将作为自适应网络在 i+1 时刻对感兴趣参数向量 $\boldsymbol{w}_o$ 的全局估计值。因此，式（4-3）可改写为

$$
\begin{aligned}
&\boldsymbol{\psi}_0(i)=\boldsymbol{w}(i)\\
&\text{for}\quad k=1:N\\
&\qquad \boldsymbol{\psi}_k(i)=\boldsymbol{\psi}_{k-1}(i)+\beta_k(i)\frac{\boldsymbol{u}_k(i)e_k(i)}{\|\boldsymbol{u}_k(i)\|_2^2}\\
&\text{end}\\
&\boldsymbol{w}(i+1)=\boldsymbol{\psi}_N(i)
\end{aligned}
\tag{4-5}
$$

式中

$$
\beta_k(i)=\min\left\{\frac{\sqrt{\delta}}{|e_k(i)|/\|\boldsymbol{u}_k(i)\|_2},1\right\}
\tag{4-6}
$$

$$
e_k(i)=d_k(i)-\boldsymbol{u}_k^{\mathrm{T}}(i)\boldsymbol{\psi}_{k-1}(i)
\tag{4-7}
$$

为了在确保算法鲁棒性的同时能进一步提高收敛性能，考虑使用一个时变的截止参数 $\delta(i)$ 替换式（4-6）中的常值 δ。对式（4-6）强加一个约束条件 $\|\boldsymbol{w}(i+1)-\boldsymbol{w}(i)\|_2^2\leqslant N\delta(i)$，它表示无论加性观测噪声是何种类型（可能是冲击噪声），向量增量 $\boldsymbol{w}(i+1)-\boldsymbol{w}(i)$ 的能量总是要小于等于 $N\delta(i)$。更重要的是，$\delta(i)$ 的值在算法的收敛过程中是递减的。因此，为了使增量分布式解（4-5）满足该约束条件（证明见 4.2.2 节讨论 3），提出下列关于截止参数 $\delta_k(i)$ 的增量更新方式：

$$
\begin{aligned}
&\tilde{\delta}_0(i)=\delta(i)\\
&\tilde{\delta}_k(i)=\lambda\tilde{\delta}_{k-1}(i)+(1-\lambda)\|\boldsymbol{\psi}_k(i)-\boldsymbol{\psi}_{k-1}(i)\|^2\\
&\qquad\;=\lambda\tilde{\delta}_{k-1}(i)+(1-\lambda)\min\left\{\frac{e_k^2(i)}{\|\boldsymbol{u}_k(i)\|_2^2},\ \tilde{\delta}_{k-1}(i)\right\}\\
&\delta(i+1)=\tilde{\delta}_N(i)
\end{aligned}
\tag{4-8}
$$

对应地，式（4-6）改写为

$$
\beta_k(i)=\min\left\{\frac{\sqrt{\tilde{\delta}_{k-1}(i)}}{|e_k(i)|/\|\boldsymbol{u}_k(i)\|_2},1\right\}
\tag{4-9}
$$

其中，$0<<\lambda<1$ 表示遗忘因子，$\tilde{\delta}_k(i)$ 为节点 k 在当前时刻获得关于 $\delta(i)$ 的中间估计值，$\delta(i)$ 的初始值通过 $\delta(0)=\frac{1}{N}\sum_{k=1}^{N}\sigma_{d,k}^2/M\sigma_{u,k}^2$ 进行设置，$\sigma_{d,k}^2$ 和 $\sigma_{u,k}^2$ 分别表示节点 k 的输出 $d_k(i)$ 和输入 $u_k(i)$ 的功率。为了方便起见，表 4-1 总结了提出的 RVSS-INLMS 算法。

表 4-1　RVSS-INLMS 算法的伪代码

初始化	$\boldsymbol{w}(0)=\boldsymbol{0}$， $\delta(0)=\frac{1}{N}\sum_{k=1}^{N}\sigma_{d,k}^2/M\sigma_{u,k}^2$
算法参数	$0<<\lambda<1$
算法实现	for $i=0$，1，2 $\boldsymbol{\psi}_0(i)=\boldsymbol{w}(i)$ $e_k(i)=d_k(i)-\boldsymbol{u}_k^{\mathrm{T}}(i)\boldsymbol{\psi}_{k-1}(i)$ $\beta_k(i)=\min\left\{\frac{\sqrt{\tilde{\delta}_{k-1}(i)}}{\lvert e_k(i)\rvert/\lVert\boldsymbol{u}_k(i)\rVert_2},1\right\}$ $\boldsymbol{\psi}_k(i)=\boldsymbol{\psi}_{k-1}(i)+\beta_k(i)\frac{\boldsymbol{u}_k(i)e_k(i)}{\lVert\boldsymbol{u}_k(i)\rVert_2^2}$ $\boldsymbol{w}(i+1)=\boldsymbol{\psi}_N(i)$ $\tilde{\delta}_0(i)=\delta(i)$ $\tilde{\delta}_k(i)=\lambda\tilde{\delta}_{k-1}(i)+(1-\lambda)\min\left\{\frac{e_k^2(i)}{\lVert\boldsymbol{u}_k(i)\rVert_2^2},\tilde{\delta}_{k-1}(i)\right\}$ $\delta(i+1)=\tilde{\delta}_N(i)$ end

4.2.2　性能讨论

讨论 1：通常来说，冲击噪声是以小概率随机出现的，且有很大的幅值。换句话说，冲击噪声通常是不会出现的，且 $\tilde{\delta}_{k-1}(i)$ 的值在算法的初始阶段比较大，以至于满足关系 $\lvert e_k(i)\rvert/\lVert\boldsymbol{u}_k(i)\rVert_2\leqslant\sqrt{\tilde{\delta}_{k-1}(i)}$，因此从式（4-5）和（4-6）中可以看到，RVSS-INLMS 将退化为单位步长的 INLMS 算法。如果冲击噪声出现，那么必将满足关系 $\lvert e_k(i)\rvert/\lVert\boldsymbol{u}_k(i)\rVert_2>>\sqrt{\tilde{\delta}_{k-1}(i)}$，此时的 RVSS-INLMS 算法将执行步长为 $\sqrt{\tilde{\delta}_{k-1}(i)}$ 的归一化 ILMP（INLMP）更新（其中 $p=1$），即式（4-5）的中间等式变为 $\boldsymbol{\psi}_k(i)=\boldsymbol{\psi}_{k-1}(i)+\sqrt{\tilde{\delta}_{k-1}(i)}\,\boldsymbol{u}_k(i)\mathrm{sign}\left(e_k(i)\right)/\lVert\boldsymbol{u}_k(i)\rVert_2$，INLMP 更新提供了对冲击噪声的鲁棒性。此外，在算法的收敛过程中，由式（4-8）计算得到的序列 $\{\tilde{\delta}_k(i)\}$ 是随时间 i 递减的，进一步保证了 RVSS-INLMS 算法对冲击噪声的鲁棒性。从另一个角度看，在冲击噪声发生的情况下，误差幅值很大，根据式（4-9），步长 $\beta_k(i)$ 将立刻收缩到一个非常小的值，即 $\beta_k(i)<<1$。文献[62]-[65]表明，对于梯度下降自适应算法，使用一个极小的步长也能够减小由异常值引起的错误信息对自适应更新过程的负面影响，这也间接地说明了 RVSS-INLMS 算法对冲击噪声具有很好的鲁棒性。

讨论 2：从式（4-9）能够看到，$\beta_k(i)$ 的值位于 0 到 1 之间。利用与文献[66]中类似的方法，很容易证明当 $i\to\infty$ 时，由式（4-8）得到的序列 $\{\delta(i)\}$ 和其中间值 $\{\tilde{\delta}_{k-1}(i)\}$ 将近似为 0。因此，在自适应过程中，由式（4-9）给出的步长参数 $\beta_k(i)$ 能够从 1 逐渐减小到 0，也就是说，由于式（4-9）的变步长特性，RVSS-INLMS 算法同时获得了快收敛速度和低稳态误差。另外，由于 INLMS 算法的稳定收敛步长范围是 $0<\beta_k<2$，RVSS-INLMS 算法也是稳定收敛的，证明详见 4.2.3 节。需要提及的是，虽然 RVSS-INLMS 算法是借助于增量型策略将文献[67]中的单节点自适应滤波算法扩展到自适应网络中，但是它有着更好的估计性能，如图 4-2 和图 4-3 所示。

讨论 3：联合式（4-5）和式（4-9），能够建立下面的关系：

$$\begin{aligned}\left\|\boldsymbol{\psi}_k(i)-\boldsymbol{\psi}_{k-1}(i)\right\|_2^2&=\min\left\{\frac{e_k^2(i)}{\left\|\boldsymbol{u}_k(i)\right\|_2^2},\tilde{\delta}_{k-1}(i)\right\}\\&\leqslant\tilde{\delta}_{k-1}(i)\end{aligned}\tag{4-10}$$

然后，重复使用式（4-10）可得

$$\begin{aligned}\left\|\boldsymbol{w}(i+1)-\boldsymbol{w}(i)\right\|_2^2&=\left\|\boldsymbol{\psi}_N(i)-\boldsymbol{\psi}_0(i)\right\|_2^2\\&=\left\|\left(\boldsymbol{\psi}_N(i)-\boldsymbol{\psi}_{N-1}(i)\right)+\cdots+\left(\boldsymbol{\psi}_2(i)-\boldsymbol{\psi}_1(i)\right)+\left(\boldsymbol{\psi}_1(i)-\boldsymbol{\psi}_0(i)\right)\right\|_2^2\\&\leqslant\left\|\boldsymbol{\psi}_N(i)-\boldsymbol{\psi}_{N-1}(i)\right\|_2^2+\cdots+\left\|\boldsymbol{\psi}_2(i)-\boldsymbol{\psi}_1(i)\right\|_2^2+\left\|\boldsymbol{\psi}_1(i)-\boldsymbol{\psi}_0(i)\right\|_2^2\\&\leqslant\tilde{\delta}_{N-1}(i)+\cdots+\tilde{\delta}_1(i)+\tilde{\delta}_0(i)\\&\leqslant N\delta(i)\end{aligned}\tag{4-11}$$

由于 $\lim\limits_{i\to\infty}\delta(i)=0$（文献[66]的附录 G 中有类似的证明），根据式（4-11）可以得到 $\lim\limits_{i\to\infty}\left\|\boldsymbol{w}(i+1)-\boldsymbol{w}(i)\right\|_2^2=0$，从而极限 $\lim\limits_{i\to\infty}\boldsymbol{w}(i)$ 存在（结果 1）。假设待估参数向量 $\boldsymbol{w}_o$ 是时不变的，则能够得到 $\lim\limits_{i\to\infty}\left\|\tilde{\boldsymbol{w}}(i+1)-\tilde{\boldsymbol{w}}(i)\right\|_2^2=0$，进而说明 $\tilde{\boldsymbol{w}}(i)$ 是收敛的，其中 $\tilde{\boldsymbol{w}}(i)\triangleq\boldsymbol{w}(i)-\boldsymbol{w}_o$ 表示在时刻 i 的权重误差向量。因此，极限 $\lim\limits_{i\to\infty}\left\|\tilde{\boldsymbol{w}}(i)\right\|_2^2$ 也存在（结果 2）。虽然结果 1 和 2 并没有给出具体的极限值，但是它们保证了算法的稳定收敛特性，而且没有假设观测噪声的概率分布类型（例如冲击噪声或高斯噪声）。

讨论 4：虽然序列 $\{\tilde{\delta}_{k-1}(i)\}$ 的递减性质提高了 RVSS-INLMS 算法的鲁棒性和收敛性能，但是这也使得该算法丢失了对待估参数向量 $\boldsymbol{w}_o$ 的突然变化的跟踪能力。为了克服这个缺陷，表 4-2 设计了一种改进的非平稳控制（modified nonstationary control，MNC）方法。由于所有节点是估计相同的 $\boldsymbol{w}_o$，所以为了减小计算复杂度，MNC 方法可仅用在某一个节点处（不失一般性，这里考虑节点 N）。MNC 方法分两步执行：① 计算用于判断 $\boldsymbol{w}_o$ 是否发生改变的量 $ctrl_{\text{new}}$；② 如果满足 $(ctrl_{\text{new}}-ctrl_{\text{old}})/\tilde{\delta}_{N-1}(i)>\xi_{\text{th}}$（表示 $\boldsymbol{w}_o$ 发生了变化），则重置 $\tilde{\delta}_N(i)$ 为初始值 $\delta(0)$，其中，$ctrl_{\text{old}}$ 是 $ctrl_{\text{new}}$ 在上一次计算的值，$ctrl_{\text{new}}$ 和 $ctrl_{\text{old}}$ 的初始值都为 0，$\xi_{\text{th}}>0$ 是一个阈值参数。不同于文献[66]中的非平稳控制方法 1，本小节给出的 MNC 方法采用了一个指数窗和中值滤波器 median(·)，并每隔 V_{T} 次迭代来计算 $ctrl_{\text{new}}$（见表 4-2）。其中，V_{T} 是一个正整数（通常，根据 $V_{\text{T}}=\tau M$, $0<\tau\leqslant 3$ 来选择），中值滤波器 median(·) 是为了移除冲击噪声

对计算 $ctrl_{\text{new}}$ 带来的负面影响，$0 << \kappa < 1$ 是指数加权因子。通常，中值滤波器的长度 N_w 在 5 至 9 之间，而当冲击噪声发生的概率较大时，为了确保 MNC 方法的抗冲击噪声能力，应适当增加 N_w 的值。

表 4-2　本小节使用的 MNC 方法

初始化	$ctrl_{\text{old}} = ctrl_{\text{new}} = 0$，$\hat{\sigma}_{e_N}^2 = 0$
参数	$0 \leqslant \kappa < 1$，$0 < \tau \leqslant 3$，$\xi_{\text{th}} > 0$
算法实现	步骤 1：计算 $ctrl_{\text{new}}$ if $i = mV_{\text{T}}$，$m = 1,2,\cdots$ $Ae_N(i) = \left(\frac{e_N^2(i)}{\Vert \boldsymbol{u}_N(i)\Vert_2^2 + 10^{-5}}, \frac{e_N^2(i-1)}{\Vert \boldsymbol{u}_N(i-1)\Vert_2^2 + 10^{-5}}, \cdots, \frac{e_N^2(i-N_w+1)}{\Vert \boldsymbol{u}_N(i-N_w+1)\Vert_2^2 + 10^{-5}}\right)$ $\hat{\sigma}_{e_N}^2 = \kappa\hat{\sigma}_{e_N}^2 + (1-\kappa)\text{median}(Ae_N(i))$ $ctrl_{\text{new}} = \hat{\sigma}_{e_N}^2$ end 步骤 2：重置 $\tilde{\delta}_N(i)$ if $(ctrl_{\text{new}} - ctrl_{\text{old}})/\tilde{\delta}_{N-1}(i) > \xi_{\text{th}}$ $\tilde{\delta}_N(i) = \delta_1(0)$ else if $ctrl_{\text{new}} > ctrl_{\text{old}}$ $\tilde{\delta}_N(i) = \tilde{\delta}_{N-1}(i) + (ctrl_{\text{new}} - ctrl_{\text{old}})$ else $\tilde{\delta}_N(i) = \lambda\tilde{\delta}_{N-1}(i) + (1-\lambda)\min\left\{\frac{e_N^2(i)}{\Vert \boldsymbol{u}_N(i)\Vert_2^2}, \tilde{\delta}_{N-1}(i)\right\}$ end $ctrl_{\text{old}} = ctrl_{\text{new}}$

4.2.3　收敛性分析

为了补充说明 4.2.2 节中的讨论 2，本小节给出 RVSS-INLMS 算法的收敛稳定性分析。为此，假设待估参数向量 $\boldsymbol{w}_o$ 是时不变的，$\boldsymbol{w}_o$ 减去式（4-5）的两边得到

$$\begin{aligned}
&\tilde{\boldsymbol{\psi}}_0(i) = \tilde{\boldsymbol{w}}(i) \\
&\tilde{\boldsymbol{\psi}}_k(i) = \tilde{\boldsymbol{\psi}}_{k-1}(i) - \beta_k(i)\frac{\boldsymbol{u}_k(i)e_k(i)}{\Vert \boldsymbol{u}_k(i)\Vert_2^2} \\
&\tilde{\boldsymbol{w}}(i+1) = \tilde{\boldsymbol{\psi}}_N(i)
\end{aligned} \tag{4-12}$$

式中，$\tilde{\boldsymbol{\psi}}_k(i) \triangleq \boldsymbol{w}_o - \boldsymbol{\psi}_k(i)$ 表示节点 k 在时刻 i 的中间估计偏差向量。对式（4-12）的中间式子的两边同时求 L_2-范数平方，得

$$\|\tilde{\boldsymbol{\psi}}_k(i)\|_2^2 = \|\tilde{\boldsymbol{\psi}}_{k-1}(i)\|_2^2 - 2\beta_k(i)\frac{\tilde{\boldsymbol{\psi}}_{k-1}^{\mathrm{T}}(i)\boldsymbol{u}_k(i)e_k(i)}{\|\boldsymbol{u}_k(i)\|_2^2} + \beta_k^2(i)\frac{e_k^2(i)}{\|\boldsymbol{u}_k(i)\|_2^2} \tag{4-13}$$

在 VSS 类自适应滤波算法的性能分析中，通常假设步长的随机变化是缓慢的，即 $\beta_k(i) - E\{\beta_k(i)\} \approx 0$ [66] [67]。因此，对式（4-12）中间式子的两边求期望，有如下关系：

$$E(\tilde{\boldsymbol{\psi}}_k(i)) = E(\tilde{\boldsymbol{\psi}}_{k-1}(i)) - E(\beta_k(i))E\left(\frac{\boldsymbol{u}_k(i)e_k(i)}{\|\boldsymbol{u}_k(i)\|_2^2}\right) \tag{4-14}$$

同理，对式（4-13）两边求期望运算，得

$$E(\|\tilde{\boldsymbol{\psi}}_k(i)\|_2^2) = E(\|\tilde{\boldsymbol{\psi}}_{k-1}(i)\|_2^2) - 2E(\beta_k(i))E\left(\frac{\tilde{\boldsymbol{\psi}}_{k-1}^{\mathrm{T}}(i)\boldsymbol{u}_k(i)e_k(i)}{\|\boldsymbol{u}_k(i)\|_2^2}\right) + E^2(\beta_k(i))E\left(\frac{e_k^2(i)}{\|\boldsymbol{u}_k(i)\|_2^2}\right) \tag{4-15}$$

为了便于处理式（4-14）和式（4-15），需要作如下假设。

假设 1：节点 k 的输入向量 $\boldsymbol{u}_k(i)$ 是零均值白色高斯过程。不同节点的输入向量 $\boldsymbol{u}_k(i)$ 是相互独立的。

假设 2：节点 k 的观测噪声 $v_k(i)$ 是零均值、方差为 $\sigma_{v,k}^2$ 的白色过程。

假设 3：$\tilde{\boldsymbol{\psi}}_{k-1}(i)$ 与 $\boldsymbol{u}_k(i)$ 相互独立，即常用的独立性假设[56]。

基于以上假设，建立如下等式关系：

$$E\left(\frac{\boldsymbol{u}_k(i)e_k(i)}{\|\boldsymbol{u}_k(i)\|_2^2}\right) = \frac{1}{M}\tilde{\boldsymbol{\psi}}_{k-1}(i) \tag{4-16}$$

$$E\left\{\frac{\tilde{\boldsymbol{\psi}}_{k-1}^{\mathrm{T}}(i)\boldsymbol{u}_k(i)e_k(i)}{\|\boldsymbol{u}_k(i)\|_2^2}\right\} = \frac{1}{M}E(\|\tilde{\boldsymbol{\psi}}_{k-1}(i)\|_2^2) \tag{4-17}$$

$$E\left(\frac{e_k^2(i)}{\|\boldsymbol{u}_k(i)\|_2^2}\right) = \frac{1}{M}E(\|\tilde{\boldsymbol{\psi}}_{k-1}(i)\|_2^2) + \sigma_{v,k}^2 \tag{4-18}$$

将式（4-16）代入式（4-14），得

$$E(\tilde{\boldsymbol{\psi}}_k(i)) = (1 - E(\beta_k(i))/M)E(\tilde{\boldsymbol{\psi}}_{k-1}(i)) \tag{4-19}$$

将式（4-17）和（4-18）代入式（4-15），整理可得

$$E(\|\tilde{\boldsymbol{\psi}}_k(i)\|_2^2) = f_k(i)E(\|\tilde{\boldsymbol{\psi}}_{k-1}(i)\|_2^2) + h_k(i) \tag{4-20}$$

其中

$$f_k(i) = 1 + (E^2(\beta_k(i)) - 2E(\beta_k(i)))/M \tag{4-21}$$

$$h_k(i) = E^2(\beta_k(i))\sigma_{v,k}^2 / M \tag{4-22}$$

对于增量型分布式算法，每个节点 k 都有类似的关系式（4-19）和（4-20）。因此，联合这 N 个节点的关系式（4-19）和（4-20），分别推导出

$$\begin{aligned} &E(\tilde{\boldsymbol{w}}(i+1)) \\ &= \underbrace{(1-E(\beta_N(i))/M)\cdots(1-E(\beta_2(i))/M)(1-E(\beta_1(i))/M)}_{\Delta} E(\tilde{\boldsymbol{w}}(i)) \end{aligned} \tag{4-23}$$

和

$$E(\|\tilde{\boldsymbol{w}}(i+1)\|_2^2) = \underbrace{f_N(i)\cdots f_2(i)f_1(i)}_{\Delta} E(\|\tilde{\boldsymbol{w}}(i)\|_2^2) + h_N(i) + \cdots + h_1(i) \tag{4-24}$$

若使算法满足均值收敛，则式（4-23）中 Δ 项的绝对值必须小于 1，从而推导出一个更加严格的条件：$|1-E(\beta_k(i))/M| < 1$，即 $0 < E(\beta_k(i)) < 2M$（$k = 1,2,\cdots,N$）。同理，如果式（4-24）中 Δ 项的绝对值小于 1，则算法满足均方收敛。相应地，一个更加严格的均方收敛条件是 $|f_k(i)| < 1$（$k = 1,2,\cdots,N$），从而结合式（4-21），能够导出 $0 < E(\beta_k(i)) < 2$。综上所述，由于总是有 $M \geqslant 1$，分布式 INLMS 算法的收敛条件是 $0 < E(\beta_k(i)) < 2$（$k = 1,2,\cdots,N$）。此外，根据式（4-9）计算的步长总是小于等于 1，所以 RVSS-INLMS 算法是稳定的。

4.2.4　计算机仿真

为了验证 RVSS-INLMS 算法的性能，本节考虑由 $N = 20$ 个节点组成的增量型自适应网络。节点 k 的输入向量 $\boldsymbol{u}_k(i)$ 具有时间转移结构，即 $\boldsymbol{u}_k(i) = (u_k(i), u_k(i-1), \cdots, u_k(i-M+1))^{\mathrm{T}}$ [68] [69]，其中，$u_k(i)$ 由零均值白色高斯过程通过一个极点为 0.9 的 AR（1）系统产生。所有仿真结果都是经过 200 次独立运行得到的平均值。

实验 1：参数估计

假设一个分布式自适应网络的待估参数向量 $\boldsymbol{w}_o$ 的元素服从零均值均匀分布，长度为 $M = 32$，且归一化处理，即满足 $\|\boldsymbol{w}_o\|_2 = 1$。背景噪声 $\theta_k(i)$ 是零均值、方差为 $\sigma_{\theta,k}^2$ 的白色高斯噪声。图 4-1 给出了每个节点的 $\sigma_{\theta,k}^2$ 以及对应的信噪比（signal-to-noise ratio，SNR）。SNR 的定义为

$$\mathrm{SNR}_k = 10\log_{10}(\sigma_{y,k}^2 / \sigma_{\theta,k}^2)$$

式中，$\sigma_{y,k}^2$ 表示节点 k 输出信号 $y_k(i)=\boldsymbol{u}_k^{\mathrm{T}}(i)\boldsymbol{w}_o$ 的方差。在节点 k，冲击噪声 $\eta_k(i)$ 由伯努利高斯过程产生，即 $\eta_k(i)=b_k(i)\cdot g_k(i)$，其中，$b_k(i)$ 是一个伯努利过程，它的 PMF 为 $P(b_k(i)=1)=P_{r,k}$ 和 $P(b_k(i)=0)=1-P_{r,k}$；$g_k(i)$ 是零均值、方差为 $\sigma_{g_k}^2=1000\,\sigma_{y,k}^2$ 的白色高斯过程。采用 $\mathrm{MSD}(i)=E(\|\tilde{\boldsymbol{w}}(i)\|_2^2)$（dB）来评价算法的参数估计性能。

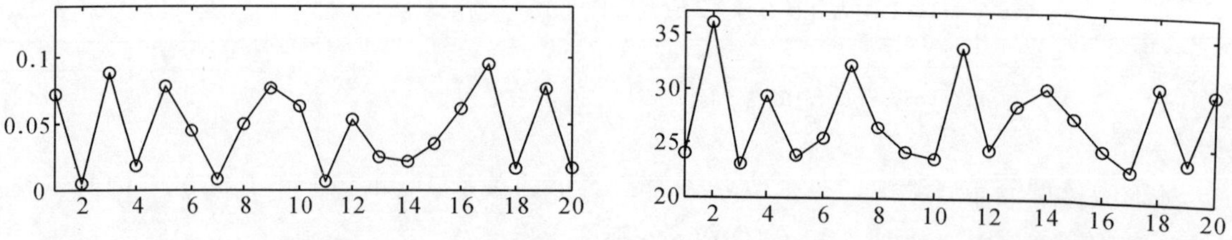

（a）不同节点的背景噪声方差 $\sigma_{\theta,k}^2$　　（b）不同节点的信噪比 SNR_k

图 4-1　不同节点的背景噪声方差和信噪比

图 4-2 比较了不同步长的 INLMS 算法、VSS-INLMS、local RVSS-NLMS 和 RVSS-INLMS 算法在高斯噪声环境下的 MSD 性能（即没有冲击噪声发生）。其中，VSS-INLMS 是文献[70]中提出的变步长 INLMS 算法，local RVSS-NLMS 表示每个节点独立地执行文献[66]中提出的 RVSS-NLMS 算法（即节点之间无合作）。为了公平地比较这些算法，参数设置如下：$\mu=1$ 或 0.05（INLMS）；$\lambda=4$, $\theta=0.92$（VSS-INLMS，假设噪声方差 $\sigma_{\theta,k}^2$ 已知）；$\lambda=0.99$（RVSS-INLMS）；$\alpha=0.99$（local RVSS-NLMS）。如图 4-2 所示，相较于 local RVSS-NLMS 算法，无论是收敛速度还是稳态估计误差，RVSS-INLMS 算法都表现得更好，这归因于 RVSS-INLMS 算法中节点之间的相互合作带来的性能增益。此外，相较于固定步长的 INLMS 算法，VSS-INLMS 和 RVSS-INLMS 算法能同时获得快收敛速度和低稳态误差，而 RVSS-INLMS 相比 VSS-INLMS 表现更好。值得一提的是，VSS-INLMS 算法需要已知节点的噪声方差，而 RVSS-INLMS 算法无此要求，这也体现了其实用性。

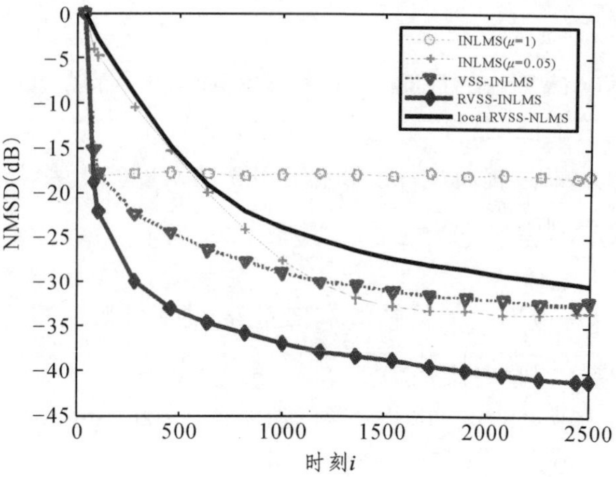

图 4-2　各算法在高斯噪声背景下的 MSD 学习曲线

图 4-3 给出了 INLMS、不同参数 p 下的 ILMP 算法、不同步长下的 ILMM 算法[71]、SN-ILMS[72]、local RVSS-NLMS 和 RVSS-INLMS 算法在冲击噪声环境下的 MSD 学习曲线。为了简便，所有节点的冲击噪声发生概率均设置为 $P_{r,k}=0.01$。由于图 4-2 中的 INLMS（步长为 $\mu=1$ 和 $\mu=0.05$）算法和 VSS-INLMS 算法在冲击噪声干扰下是发散的，图 4-3 中没有给出二者的仿真结果。如图 4-3 所示，虽然小步长 INLMS 算法在冲击噪声环境下也能够收敛，但是它的稳态性能极差。ILMP 算法抗冲击干扰的能力随着参数 p 值的增加而变弱。ILMM 算法比 SN-ILMS 和 ILMP 算法有更快的收敛速度。重要的是，在这些鲁棒增量型算法中，RVSS-INLMS 算法有着最快的收敛速度以及最低的稳态 MSD。另外，RVSS-INLMS 算法仍然优于它的非合作版本（即 local RVSS-NLMS 算法）。

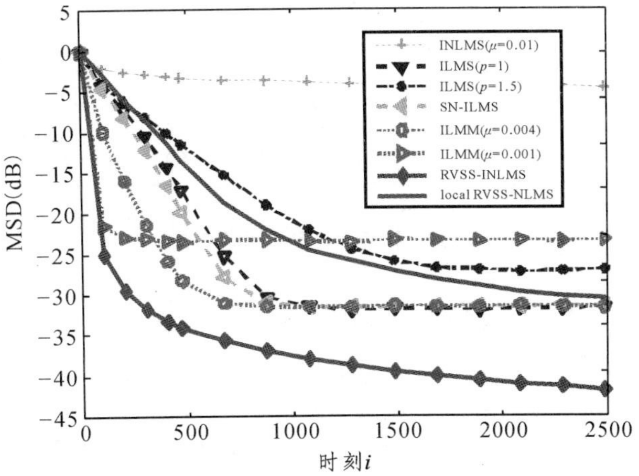

图 4-3　冲击噪声环境下各算法的 MSD 学习曲线

注：① 参数设置：$\mu=0.0002$（ILMP）；$\mu=0.001$ 或 0.004，N_w=9 和 $\beta=0.99$（ILMM）；$\sigma_s=0.01$ 和 $\mu=0.018$（SN-ILMS）。
② 其他参数设置与图 4-2 相同。

在冲击噪声环境下，图 4-4 比较了图 4-3 中各算法在参数 $\boldsymbol{w}_o$ 突变情况下的跟踪能力。在 2500 次迭代处，待估参数从 $\boldsymbol{w}_o$ 变为 $-\boldsymbol{w}_o$。MNC 方法的参数设置为：$\kappa=0.999$，$\xi_{\text{th}}=50$，$N_w=9$ 和 $\tau=2$。如图 4-4 所示，当参数 $\boldsymbol{w}_o$ 发生改变时，RVSS-INLMS 算法失去了跟踪能力，而 MNC 方法弥补了这个缺点。此外，相较于其他算法，RVSS-INLMS+MNC 算法有着更快的收敛速度、更低的稳态 MSD 和更好的跟踪能力。表 4-3 给出了图 4-4 中各算法用 MATLAB R2013 实现所需要的运行时间。其中，计算机配置是 Intel(R)Core(TM)i5 4590 CPU @3.30 GHz，8.00 GB RAM。可以看到，RVSS-INLMS 算法比 INLMS 和 ILMP 算法运行时间更长，大约为 2 倍，但相较于 ILMM 和 SN-ILMS 算法，其运行时间又相对较短。此外，RVSS-INLMS+MNC 算法在提升算法性能的同时，计算量的增加是微小的。

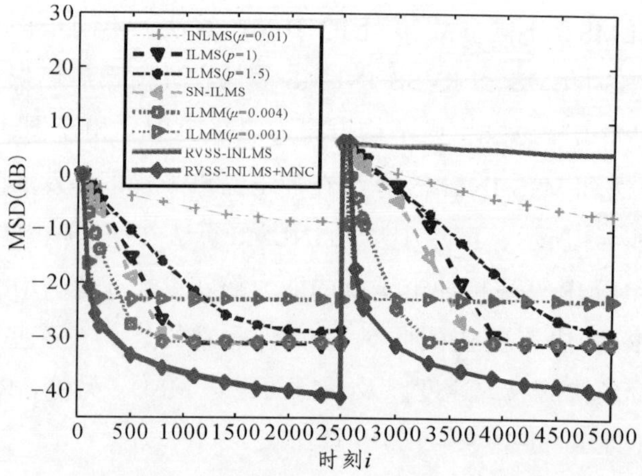

图 4-4　待估参数向量突变情况下各算法的 MSD 学习曲线

注：算法的参数设置与图 4-3 相同。

表 4-3　图 4-4 中各算法的运行时间

算法	INLMS	ILMP	ILMM	SN-ILMS	RVSS-INLMS	RVSS-INLMS+MNC
运行时间/s	81.22	72.18	222.49	242.56	154.06	159.61

实验 2：信道估计场景

分布式自适应算法的另一个潜在应用是无线通信信道的估计，本实验在该背景下测试 RVSS-INLMS+MNC 算法的估计性能。待估信道 $\boldsymbol{w}_o$ 来自 ITU-T G.168 标准中的 Model[73]，长度为 $M=128$，如图 4-5 所示。在迭代时刻 $i=2500$，通过将信道冲激响应向右平移 12 个位来模拟信道突变的情况。采用 Alpha 稳定分布模拟冲击噪声环境，本实验参数设置为 $\alpha=1.25$ 和 $\gamma=1/15$。采用 NMSD 作为算法的性能指标。各算法的参数设置如下：$\mu=0.01$（INLMS）；$\mu=0.0002$（ILMP）；$\mu=0.0008, N_w=9, \beta=0.99$（ILMM）；$\sigma_s=0.01, \mu=0.0095$（SN-ILMS）；$\lambda=0.997, \kappa=0.995, \xi_{\text{th}}=50, N_w=32, \tau=1$（RVSS-INLMS+MNC）。图 4-6 给出了各算法的 MSD 学习曲线。可以看出，INLMS 算法失去了稳定性，而其他算法都对 Alpha 稳定分布噪声显示出较好的鲁棒性。另外，RVSS-INLMS+MNC 算法表现最佳。

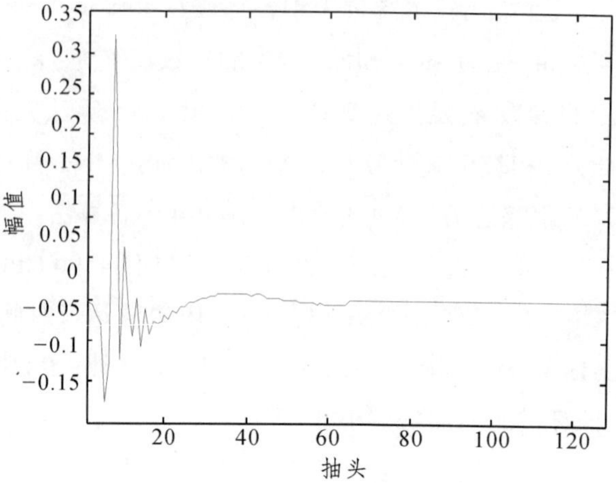

图 4-5　信道的冲激响应

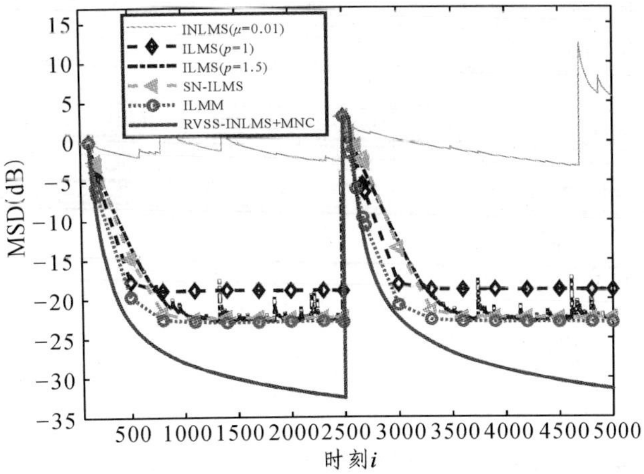

图 4-6　待估信道突变情况下各算法的 MSD 学习曲线

4.3　鲁棒扩散型变步长 NLMS 算法

4.3.1　算法推导

在扩散型网络中，$\mathcal{N}_k$ 表示与节点 k 直接相连的所有节点的集合（包括节点 k），称为节点 k 的邻居节点集。为了在冲击噪声环境下估计感兴趣参数向量 $\boldsymbol{w}_o$，引入 Huber 函数，构建每个节点 k 的局部代价函数 $J_k^{\text{loc}}(\boldsymbol{w})$，其中，$J_k^{\text{loc}}(\boldsymbol{w})$ 定义为节点 k 所有邻居节点数据的归一化 Huber 函数的线性组合，即

$$J_k^{\text{loc}}(\boldsymbol{w})=\sum_{m\in\mathcal{N}_k}c_{m,k}E\left(\varphi\left(\frac{d_m(i)-\boldsymbol{u}_m^{\text{T}}(i)\boldsymbol{w}}{\|\boldsymbol{u}_m(i)\|_2^2}\right)\right) \tag{4-25}$$

式中，$\varphi(\cdot)$ 表示 Huber 函数，其数学表达式为[60]

$$\varphi(r_m)=\begin{cases}\dfrac{r_m^2}{2}, & |r_m|\leqslant\sqrt{\xi_m(i)}\\[2mm] \sqrt{\xi_m(i)}|r_m|-\dfrac{\xi_m(i)}{2}, & |r_m|>\sqrt{\xi_m(i)}\end{cases} \tag{4-26}$$

式（4-26）中使用了时变截止参数 $\xi_m(i)>0$ 代替标准 Huber 函数中的固定参数，该参数控制着算法的抗冲击噪声能力和瞬态收敛行为。另外，式（4-25）中的加权系数 $\{c_{m,k}\}$ 满足如下条件：

$$若\ m\notin\mathcal{N}_k\text{，则}\ c_{m,k}=0\text{；}\ \sum_{m\in\mathcal{N}_k}c_{m,k}=1 \tag{4-27}$$

式中，$c_{m,k}$ 表示节点 k 分配给其邻居节点 m 的数据的权重。

求局部代价函数 $J_k^{\text{loc}}(\boldsymbol{w})$ 相对于 $\boldsymbol{w}$ 的瞬时梯度，可得

$$\nabla_{\mathbf{w}} J_k^{\mathrm{loc}}(\boldsymbol{w}) = \frac{\partial J_k^{\mathrm{loc}}(\boldsymbol{w})}{\partial \boldsymbol{w}} \cong -\sum_{m \in \mathcal{N}_k} c_{m,k} \varphi'\left(\frac{d_m(i) - \boldsymbol{u}_m^{\mathrm{T}}(i)\boldsymbol{w}}{\|\boldsymbol{u}_m(i)\|_2}\right) \frac{\boldsymbol{u}_m(i)}{\|\boldsymbol{u}_m(i)\|_2} \tag{4-28}$$

其中

$$\varphi'(r_m) = \frac{\partial \varphi(r_m)}{\partial r_m} = \begin{cases} r_m, & |r_m| \leqslant \sqrt{\xi_m(i)} \\ \sqrt{\xi_m(i)}\mathrm{sign}(r_m), & |r_m| > \sqrt{\xi_m(i)} \end{cases} \tag{4-29}$$

应用随机梯度下降法[37]，节点 k 的权重更新公式如下：

$$\boldsymbol{w}_k(i+1) = \boldsymbol{w}_k(i) - \mu \nabla_{\mathbf{w}} J_k^{\mathrm{loc}}(\boldsymbol{w})\Big|_{\boldsymbol{w}=\boldsymbol{w}_k(i)} \tag{4-30}$$

式中，$\mu > 0$ 是步长。假设节点 k 的权重更新值是其邻居节点的中间估计向量的线性组合，即

$$\boldsymbol{w}_k(i) = \sum_{m \in \mathcal{N}_k} c_{m,k} \boldsymbol{\psi}_m(i) \tag{4-31}$$

$$\boldsymbol{w}_k(i+1) = \sum_{m \in \mathcal{N}_k} c_{m,k} \boldsymbol{\psi}_m(i+1) \tag{4-32}$$

将式（4-28）、（4-31）和（4-32）代入式（4-30），可以得到节点 k 的邻居节点 m 的中间估计向量更新公式：

$$\begin{aligned} \boldsymbol{\psi}_m(i+1) &= \boldsymbol{\psi}_m(i) + \mu \varphi'\left(\frac{d_m(i) - \boldsymbol{u}_m^{\mathrm{T}}(i)\boldsymbol{w}}{\|\boldsymbol{u}_m(i)\|_2}\right)\Bigg|_{\boldsymbol{w}=\boldsymbol{w}_k(i)} \times \frac{\boldsymbol{u}_m(i)}{\|\boldsymbol{u}_m(i)\|_2} \\ &\approx \boldsymbol{\psi}_m(i) + \mu \varphi'\left(\frac{d_m(i) - \boldsymbol{u}_m^{\mathrm{T}}(i)\boldsymbol{w}}{\|\boldsymbol{u}_m(i)\|_2}\right)\Bigg|_{\boldsymbol{w}=\boldsymbol{w}_m(i)} \times \frac{\boldsymbol{u}_m(i)}{\|\boldsymbol{u}_m(i)\|_2} \end{aligned} \tag{4-33}$$

在式（4-33）中，节点 m 无法获得节点 k 的估计向量 $\boldsymbol{w}_k(i)$，但考虑到两个节点是邻居关系，且目标都是估计同一感兴趣参数向量 $\boldsymbol{w}_o$，因此，用 $\boldsymbol{w}_m(i)$ 来近似 $\boldsymbol{w}_k(i)$ 是合理的。另外，如式（4-31）所示，由于信息融合，$\boldsymbol{w}_k(i)$ 比中间估计值 $\boldsymbol{\psi}_k(i)$ 包含更多的信息，因此，式（4-33）可以改写为

$$\boldsymbol{\psi}_m(i+1) = \boldsymbol{w}_m(i) + \mu \varphi'\left(\frac{d_m(i) - \boldsymbol{u}_m^{\mathrm{T}}(i)\boldsymbol{w}_m(i)}{\|\boldsymbol{u}_m(i)\|_2}\right) \frac{\boldsymbol{u}_m(i)}{\|\boldsymbol{u}_m(i)\|_2} \tag{4-34}$$

联合式（4-29）、（4-32）和式（4-34），给出一种新的鲁棒分布式算法的更新公式：

$$\boldsymbol{\psi}_k(i+1) = \boldsymbol{w}_k(i) + \mu \times \begin{cases} \dfrac{\boldsymbol{u}_k(i) e_k(i)}{\|\boldsymbol{u}_k(i)\|_2}, & \dfrac{|e_k(i)|}{\|\boldsymbol{u}_k(i)\|_2} \leqslant \sqrt{\xi_k(i)} \\ \sqrt{\xi_k(i)} \dfrac{\boldsymbol{u}_k(i)\mathrm{sign}(e_k(i))}{\|\boldsymbol{u}_k(i)\|_2}, & \dfrac{|e_k(i)|}{\|\boldsymbol{u}_k(i)\|_2} > \sqrt{\xi_k(i)} \end{cases} \tag{4-35a}$$

$$\boldsymbol{w}_k(i+1)=\sum_{m\in\mathcal{N}_k}c_{m,k}\boldsymbol{\psi}_m(i+1) \tag{4-35b}$$

其中

$$e_k(i)=d_k(i)-\boldsymbol{w}_k^{\mathrm{T}}(i)\boldsymbol{u}_k(i) \tag{4-36}$$

式中，$e_k(i)$ 表示节点 k 的估计误差。

由于冲击噪声对算法性能的影响发生在式（4-35a）中，所以为了提高算法对冲击噪声的鲁棒性，故对式（4-35a）强加一个约束条件：

$$\sum_{k=1}^{N}\|\boldsymbol{\psi}_k(i+1)-\boldsymbol{w}_k(i)\|_2^2\leqslant\sum_{k=1}^{N}\xi_k(i) \tag{4-37}$$

式中，每个节点的 $\xi_k(i)$ 随 i 的增加逐渐减小。约束条件（4-37）表示，对于任意类型的噪声干扰，所有节点为了获得其中间估计的更新增量的能量和总是小于或等于所有节点的截止参数的和。

为了满足该约束条件，基于扩散策略提出了一种递归更新方式来调整截止参数 $\xi_k(i)$：

$$\begin{aligned}\zeta_k(i+1)&=\upsilon\xi_k(i)+(1-\upsilon)\|\boldsymbol{\psi}_k(i+1)-\boldsymbol{w}_k(i)\|_2^2\\&=\upsilon\xi_k(i)+(1-\upsilon)\mu^2\min\left\{\frac{e_k^2(i)}{\|\boldsymbol{u}_k(i)\|_2^2},\ \xi_k(i)\right\}\end{aligned} \tag{4-38a}$$

$$\xi_k(i+1)=\sum_{m\in\mathcal{N}_k}c_{m,k}\zeta_m(i+1) \tag{4-38b}$$

式中，$0<<\upsilon<1$ 表示遗忘因子，$0<\mu\leqslant1$ 是为了满足约束条件（4-37）。设置 $\xi_k(i)$ 的初始值为 $\xi_k(0)=\sigma_{d,k}^2/(M\sigma_{u,k}^2)$，其中，$\sigma_{d,k}^2$ 和 $\sigma_{u,k}^2$ 分别表示 $d_k(i)$ 和 $\boldsymbol{u}_k(i)$ 的功率。为了清晰起见，表 4-4 总结了 RVSS-dNLMS 算法的伪代码。

表 4-4　RVSS-dNLMS 算法的伪代码

初始化	$\boldsymbol{w}_k(0)=0$，$\xi_k(0)=\sigma_{d,k}^2/(M\sigma_{u,k}^2)$
算法参数	$0<<\upsilon<1$，$0<\mu\leqslant1$（推荐选取 $\mu=1$）
算法实现	for i=0，1，2 $e_k(i)=d_k(i)-\boldsymbol{w}_k^{\mathrm{T}}(i)\boldsymbol{u}_k(i)$ $\mu_k(i)=\mu\min\left\{\sqrt{\xi_k(i)}\frac{\|\boldsymbol{u}_k(i)\|_2}{\lvert e_k(i)\rvert},\ 1\right\}$ $\boldsymbol{\psi}_k(i+1)=\boldsymbol{w}_k(i)+\mu_k(i)\frac{e_k(i)\boldsymbol{u}_k(i)}{\|\boldsymbol{u}_k(i)\|_2^2}$ $\zeta_k(i+1)=\upsilon\xi_k(i)+(1-\upsilon)\mu^2\min\left\{\frac{e_k^2(i)}{\|\boldsymbol{u}_k(i)\|_2^2},\ \xi_k(i)\right\}$ $\boldsymbol{w}_k(i+1)=\sum_{m\in\mathcal{N}_k}c_{m,k}\boldsymbol{\psi}_m(i+1)$ $\xi_k(i+1)=\sum_{m\in\mathcal{N}_k}c_{m,k}\zeta_m(i+1)$ end

命题 1：RVSS-dNLMS 算法本质上是一种变步长 dNLMS 算法，因此它有着快收敛速度和低稳态估计误差。此外，它对冲击噪声还具有较好的鲁棒性。

事实上，冲击噪声发生的概率很低，在大多数时刻，冲击噪声是不会出现的，且在算法的初始阶段 $\xi_k(i)$ 的值较大，因此满足关系 $(|e_k(i)|/\|\boldsymbol{u}_k(i)\|_2)\leqslant\sqrt{\xi_k(i)}$。此时的 RVSS-dNLMS 算法将退化为固定步长 dNLMS 算法。如果冲击噪声出现，那么关系 $(|e_k(i)|/\|\boldsymbol{u}_k(i)\|_2)>>\sqrt{\xi_k(i)}$ 成立，式（4-35a）退化为 $\boldsymbol{\psi}_k(i+1)=\boldsymbol{w}_k(i)+\mu_k(i)\text{sign}(e_k(i))\boldsymbol{u}_k(i)$，这意味着 RVSS-dNLMS 算法将退化为变步长 dSE-LMS 算法[74]，其中，步长为 $\mu_k(i)=\mu\sqrt{\xi_k(i)}/\|\boldsymbol{u}_k(i)\|_2$，它提供了对冲击噪声的鲁棒性。此外，由式（4-38a）和（4-38b）计算得到的 $\xi_k(i)$ 是关于时刻 i 的减函数，这也进一步确保了该算法对冲击噪声的鲁棒性。简言之，无论冲击噪声何时发生，RVSS-dNLMS 算法均能在 dNLMS 和 dSE-LMS 算法之间自动转换，从而有效避免了冲击噪声的干扰。

从另一个角度看，可以将式（4-35a）改写为

$$\boldsymbol{\psi}_k(i+1)=\boldsymbol{w}_k(i)+\mu_k(i)\frac{\boldsymbol{u}_k(i)e_k(i)}{\|\boldsymbol{u}_k(i)\|_2^2} \tag{4-39}$$

其中

$$\mu_k(i)=\mu\min\left\{\sqrt{\xi_k(i)}\frac{\|\boldsymbol{u}_k(i)\|_2}{|e_k(i)|},\ 1\right\} \tag{4-40}$$

显然，式（4-39）和（4-40）说明 RVSS-dNLMS 算法能够表示为变步长 dNLMS 算法。如果冲击噪声发生以至于 $|e_k(i)|$ 的值非常大，那么式（4-40）给出的步长 $\mu_k(i)$ 将变得极小，这也实现了对冲击噪声干扰的抑制。在理想情况下，当冲击噪声出现时，步长应该设置为 0，即算法停止自适应更新。此外，式（4-40）计算得到的步长 $\mu_k(i)$ 总是被限制在 0 到 1 之间（因为本算法推荐 $\mu=1$），而且随着自适应过程的进行，$\mu_k(i)$ 将逐渐减小。

4.3.2 跟踪性能设计

虽然 $\xi_k(i)$ 的递减特性提高了 RVSS-dNLMS 算法的收敛性能以及对冲击噪声的鲁棒性，但这也使得该算法缺乏对未知参数 $\boldsymbol{w}_o$ 变化的跟踪能力。为了克服这一缺陷，受文献[66]中非平稳控制方法的启发，本小节介绍了一种基于扩散策略的分布式控制方法，即 DC（diffusion control）方法。其基本原理是当检测到未知参数 $\boldsymbol{w}_o$ 发生改变时，将 $\xi_k(i)$ 重置为初始值。该方法的实施步骤如下：

第一步：每个节点 k 定义一个变量 $\Delta_k(i)$，并每隔 V_t 次迭代计算一次，即

$$\begin{aligned}
&\text{初始化}:\ \Theta_{\text{old},k}=\Theta_{\text{new},k}=0,\ \hat{\sigma}_{e,k}=0\\
&\text{if}\quad i=nV_t,\ n=0,1,2,\cdots\\
&\qquad \hat{\sigma}_{e,k}=\kappa\hat{\sigma}_{e,k}+(1-\kappa)\text{median}(\boldsymbol{A}_{e,k}(i))\\
&\qquad \Theta_{\text{new},k}=\sum_{m\in\mathcal{N}_k}c_{m,k}\hat{\sigma}_{e,m}\\
&\qquad \Delta_k(i)=\frac{\Theta_{\text{new},k}-\Theta_{\text{old},k}}{\xi_k(i)}\\
&\text{end}
\end{aligned} \tag{4-41}$$

其中

$$\boldsymbol{A}_{e,k}(i)=\left(\frac{e_k^2(i)}{\|\boldsymbol{u}_k(i)\|_2^2},\frac{e_k^2(i-1)}{\|\boldsymbol{u}_k(i-1)\|_2^2},\cdots,\frac{e_k^2(i-N_w+1)}{\|\boldsymbol{u}_k(i-N_w+1)\|_2^2}\right)$$

式中，$\Theta_{\text{old},k}$ 是 $\Theta_{\text{new},k}$ 上一次更新的值，$0<k<1$ 是指数加权因子；median(·) 表示对数据窗 $\boldsymbol{A}_{e,k}(i)$ 中的元素求中值，其目的是移除冲击噪声对计算 $\Delta_k(i)$ 的影响，该数据窗的长度 N_w 通常在 5~9 之间。另外，当冲击噪声发生概率增加时，为了确保 DC 方法对冲击噪声的鲁棒性，应适当增加 N_w 的值。一个较大的 V_t 值能减少式（4-41）的执行次数，但同时也会导致延迟的跟踪能力；典型的选择是 $V_t=\varrho M$，其中，$\varrho=1\sim3$。

第二步：如表 4-5 所示，对于节点 k，只要检测到未知参数 $\boldsymbol{w}_o$ 发生了变化，则重置 $\xi_k(i)$ 的值，其中，$l_{\text{th}}>0$ 为预定义的阈值参数。通常，DC 方法中的参数相互之间没有影响，即每个参数都有各自的作用，因此它们的选择是很容易的。

表 4-5　截止参数 $\xi_k(i)$ 的重置部分

参数	$l_{\text{th}}>0$
算法实现	if $\Delta_k(i)>l_{\text{th}}$ $\zeta_k(i+1)=\xi_k(0)$ else if $\Theta_{\text{new},k}>\Theta_{\text{old},k}$ $\zeta_k(i+1)=\xi_k(i)+(\Theta_{\text{new},k}-\Theta_{\text{old},k})$ else $\zeta_k(i+1)=\upsilon\xi_k(i)+(1-\upsilon)\mu^2\min\left\{\frac{e_k^2(i)}{\|\boldsymbol{u}_k(i)\|_2^2},\xi_k(i)\right\}$ end $\xi_k(i+1)=\sum_{m\in\mathcal{N}_k}c_{m,k}\zeta_m(i+1)$ $\Theta_{\text{old},k}=\Theta_{\text{new},k}$

4.3.3　计算复杂度

表 4-6 给出 dSE-LMS、dLMS、dNLMS、VSS-dNLMS 以及 RVSS-dNLMS 算法和 DC 方法在节点 k 上的每一时刻 i 所需要的计算复杂度。VSS-dNLMS 为文献[75]中提出的一种变步长 dNLMS 算法。与 dNLMS 算法相比，RVSS-dNLMS 算法增加的计算复杂度源于式（4-38a）、（4-38b）和（4-40）的计算，这需要 n_k+5 次乘法、n_k 次加法、2 次除法、2 次比较和 1 次平方根运算。此外，每个节点 k 也需要额外的传输中间值 $\zeta_k(i)$ 给它的邻居节点，即节点 k 需要传递 n_k-1 个常数。相比 RVSS-dNLMS 算法，DC 方法的计算复杂度可以忽略不计，这是因为 $V_t\geqslant M$。

表 4-6　算法在节点 k 的每一时刻的计算复杂度

算法	乘法	加法	除法	比较	平方根	Median
dSE-LMS	Mn_k+2M	Mn_k+M	—	—	—	—
dLMS	Mn_k+2M+1	Mn_k+M	—	—	—	—

续表

算法	乘法	加法	除法	比较	平方根	Median
dNLMS	Mn_k+3M+1	Mn_k+2M	1	—	—	—
VSS-dNLMS	$(M+1)n_k+3M+7$	$(M+1)n_k+2M+3$	$2n_k+3$	—	—	—
RVSS-dNLMS	$(M+1)n_k+3M+6$	$(M+1)n_k+2M$	3	2	1	—
DC 方法	$(n_k+2)/V_t$	n_k/V_t+2	$1/V_t$	2	—	$1/V_t$

4.3.4 性能分析

本小节分析了 RVSS-dNLMS 算法的均值、均方稳定性以及稳态行为。为了简化分析，下面的假设条件是必要的。

假设 1：节点 k 的输入向量 $\boldsymbol{u}_k(i)$ 中的元素服从零均值高斯分布，自相关矩阵 $\boldsymbol{R}_k=E(\boldsymbol{u}_k(i)\boldsymbol{u}_k^{\mathrm{T}}(i))$ 是正定的。不同节点的输入向量 $\boldsymbol{u}_k(i)$ 之间相互独立。

假设 2：对所有的 k, m 和 $j\leqslant i$，输入向量 $\boldsymbol{u}_k(i)$ 与估计向量 $\boldsymbol{w}_m(j)$ 是相互独立的，即常用的独立性假设[37]。

假设 3：节点 k 的背景噪声 $\theta_k(i)$ 是一个均值为零、方差为 $\sigma_{\theta,k}^2$ 的白色高斯过程。

假设 4：节点 k 的冲击噪声 $\eta_k(i)$ 由伯努利-高斯过程建模，数学表达式为 $\eta_k(i)=b_k(i)\cdot g_k(i)$，其中，$b_k(i)$ 是一个伯努利过程，它的 PMF 为 $P(b_k(i)=1)=P_{r,k}$ 和 $P(b_k(i)=0)=1-P_{r,k}$；$g_k(i)$ 是一个零均值、方差为 $\sigma_{g,k}^2$ 的白色高斯过程，且满足 $\sigma_{g,k}^2>>\sigma_{\theta,k}^2$。$P_{r,k}$ 表示节点 k 上的冲击噪声发生概率。

根据假设 3 和假设 4，CG 噪声的均值为零、方差为 $\sigma_{v,k}^2=P_{r,k}\sigma_{s,k}^2+(1-P_{r,k})\sigma_{\theta,k}^2$，其中 $\sigma_{s,k}^2=\sigma_{g,k}^2+\sigma_{\theta,k}^2$ [74]。

4.3.4.1 收敛性能

从式（4-40）可以看出，节点 k 满足如下关系：

$$\mu_k(i)\leqslant\mu\leqslant 1 \text{ 和 } E(\mu_k(i))\leqslant\mu\leqslant 1 \tag{4-42}$$

这表示由式（4-40）计算的步长 $\mu_k(i)$ 的上界是 μ。而且，从命题 1 的解释中可以知道，当冲击噪声出现时，$\mu_k(i)$ 的值将变得非常小，可避免冲击噪声的干扰，从而确保 RVSS-dNLMS 算法的鲁棒性。因此，通过研究固定步长 dNLMS 算法在无冲击噪声情况下的稳定性，来间接说明 RVSS-dNLMS 算法的稳定性是十分合理的。dNLMS 算法被描述为：

$$\boldsymbol{\psi}_k(i+1)=\boldsymbol{w}_k(i)+\mu_k\frac{\boldsymbol{u}_k(i)e_k(i)}{\|\boldsymbol{u}_k(i)\|_2^2} \tag{4-43a}$$

$$\boldsymbol{w}_k(i+1)=\sum_{m\in\mathcal{N}_k}c_{m,k}\boldsymbol{\psi}_m(i+1) \tag{4-43b}$$

首先，假设未知参数向量 $\boldsymbol{w}_o$ 是时不变的，用 $\boldsymbol{w}_o$ 分别减去式（4-43a）和式（4-43b）的两边，可以得到

$$\tilde{\boldsymbol{\psi}}_k(i+1)=\tilde{\boldsymbol{w}}_k(i)-\mu_k\frac{\boldsymbol{u}_k(i)e_k(i)}{\|\boldsymbol{u}_k(i)\|_2^2} \tag{4-44a}$$

$$\tilde{\boldsymbol{w}}_k(i+1)=\sum_{m\in\mathcal{N}_k}c_{m,k}\tilde{\boldsymbol{\psi}}_m(i+1) \tag{4-44b}$$

式中，$\tilde{\boldsymbol{w}}_k(i)\triangleq\boldsymbol{w}^o-\boldsymbol{w}_k(i)$，$\tilde{\boldsymbol{\psi}}_k(i)\triangleq\boldsymbol{w}_o-\boldsymbol{\psi}_k(i)$分别表示节点 k 的权重误差向量和中间权重误差向量。

根据网络节点的期望信号模型（4-1）和式（4-36），式（4-44a）可以改写为

$$\tilde{\boldsymbol{\psi}}_k(i+1)=(\boldsymbol{I}_M-\mu_k\boldsymbol{A}_k(i))\tilde{\boldsymbol{w}}_k(i)-\mu_k\boldsymbol{b}_k(i) \tag{4-45}$$

其中

$$\boldsymbol{A}_k(i)=\frac{\boldsymbol{u}_k(i)\boldsymbol{u}_k^{\mathrm{T}}(i)}{\|\boldsymbol{u}_k(i)\|_2^2}，\quad \boldsymbol{b}_k(i)=\frac{\boldsymbol{u}_k(i)v_k(i)}{\|\boldsymbol{u}_k(i)\|_2^2}$$

1）均值稳定性

定义全局网络变量：

$$\tilde{\boldsymbol{w}}(i)\triangleq\mathrm{col}\{\tilde{\boldsymbol{w}}_1(i),\cdots,\tilde{\boldsymbol{w}}_N(i)\}$$

$$\tilde{\boldsymbol{\psi}}(i)\triangleq\mathrm{col}\{\tilde{\boldsymbol{\psi}}_1(i),\cdots,\tilde{\boldsymbol{\psi}}_N(i)\}$$

$$\boldsymbol{A}(i)\triangleq\mathrm{diag}\{\boldsymbol{A}_1(i),\cdots,\boldsymbol{A}_N(i)\}$$

$$\boldsymbol{b}(i)\triangleq\mathrm{diag}\{\boldsymbol{b}_1(i),\cdots,\boldsymbol{b}_N(i)\}$$

$$\mathcal{M}\triangleq\mathrm{diag}\{\mu_1\boldsymbol{I}_M,\cdots,\mu_N\boldsymbol{I}_M\}$$

$$\mathcal{C}\triangleq\boldsymbol{C}\otimes\boldsymbol{I}_M \tag{4-46}$$

式中，矩阵 $\boldsymbol{C}$ 由加权系数 $\{c_{m,k}\}$ 构成；$c_{m,k}$ 为矩阵 $\boldsymbol{C}$ 的第 m 行第 k 列的元素。

基于式（4-46）中的定义，式（4-44a）和式（4-44b）可以改写为全局形式：

$$\begin{aligned}\tilde{\boldsymbol{w}}(i+1)&=\mathcal{C}^{\mathrm{T}}\tilde{\boldsymbol{\psi}}(i+1)\\&=\mathcal{C}^{\mathrm{T}}(\boldsymbol{I}_{MN}-\mathcal{M}\boldsymbol{A}(i))\tilde{\boldsymbol{w}}(i)-\mathcal{C}^{\mathrm{T}}\mathcal{M}\boldsymbol{b}(i)\end{aligned} \tag{4-47}$$

在假设 2 和假设 3 的条件下，求式（4-47）两边的数学期望可得

$$E(\tilde{\boldsymbol{w}}(i+1))=\mathcal{C}^{\mathrm{T}}(\boldsymbol{I}_{MN}-\mathcal{M}E(\boldsymbol{A}(i)))E(\tilde{\boldsymbol{w}}(i)) \tag{4-48}$$

为了保证算法的均值收敛性，式（4-48）中的矩阵 $\mathcal{C}^{\mathrm{T}}(\boldsymbol{I}_{MN}-\mathcal{M}E(\boldsymbol{A}(i)))$ 的谱半径必须在单位圆内，即

$$\rho(\mathcal{C}^{\mathrm{T}}(\boldsymbol{I}_{MN}-\mathcal{M}E(\boldsymbol{A}(i))))<1 \tag{4-49}$$

为了进一步简化式（4-49），引入块矩阵的最大块范数（block-maximum-norm），标记为$\|\cdot\|_{b,\infty}$，

它的定义如下[76]：

$$\|\boldsymbol{\Psi}\|_{b,\infty} \triangleq \max_{x\neq 0}\frac{\|\boldsymbol{\Psi x}\|_{b,\infty}}{\|\boldsymbol{x}\|_{b,\infty}}$$
$$\|\boldsymbol{x}\|_{b,\infty} \triangleq \max_{1\leqslant k\leqslant N}\|\boldsymbol{x}_k\|_2 \tag{4-50}$$

式中，$\boldsymbol{\Psi}$ 是一个 $MN\times MN$ 的块矩阵且每个块的大小是 $M\times M$，$\boldsymbol{x}=\mathrm{col}\{\boldsymbol{x}_1,\cdots,\boldsymbol{x}_N\}$ 是一个 $MN\times 1$ 的块列向量，每个块 $\boldsymbol{x}_k$ 的大小是 $M\times 1$。

由于矩阵 **C** 的每列元素和为 1，关系 $\|\mathcal{C}^{\mathrm{T}}\|_{b,\infty}=1$ 是成立的。根据矩阵的谱半径总是小于或等于该矩阵的任意范数的这一重要特性[77]，可以得到如下关系：

$$\begin{aligned}
\rho(\mathcal{C}^{\mathrm{T}}(\boldsymbol{I}_{MN}-\mathcal{M}E(\boldsymbol{A}(i)))) &\leqslant \|\mathcal{C}^{\mathrm{T}}(\boldsymbol{I}_{MN}-\mathcal{M}E(\boldsymbol{A}(i)))\|_{b,\infty}\\
&\leqslant \|\mathcal{C}^{\mathrm{T}}\|_{b,\infty}\|\boldsymbol{I}_{MN}-\mathcal{M}E(\boldsymbol{A}(i))\|_{b,\infty}\\
&= \|\boldsymbol{I}_{MN}-\mathcal{M}E(\boldsymbol{A}(i))\|_{b,\infty}\\
&\overset{(a)}{=} \max_{1\leqslant k\leqslant N}\|\boldsymbol{I}_M-\mu_k E(\boldsymbol{A}_k(i))\|_2\\
&= \max_{1\leqslant k\leqslant N}\rho(\boldsymbol{I}_M-\mu_k E(\boldsymbol{A}_k(i)))
\end{aligned} \tag{4-51}$$

式中，等式(a)成立的原因是，矩阵 $\boldsymbol{I}_{MN}$，$\mathcal{M}$，$\boldsymbol{A}(i)$ 均是块对角矩阵。

联合式（4-49）和（4-51），可以得到 dNLMS 算法的均值收敛步长范围：

$$0<\mu_k<\frac{2}{\lambda_{\max}(E(\boldsymbol{A}_k(i)))},\quad k=1,2,\cdots,N \tag{4-52}$$

2）均方稳定性

对式（4-44b）的两边求平方 L_2-范数，再取数学期望，并利用 Jensen 不等式[77]，得到如下不等式关系：

$$E(\|\tilde{\boldsymbol{w}}_k(i+1)\|_2^2)\leqslant \sum_{m\in\mathcal{N}_k} c_{m,k}E(\|\tilde{\boldsymbol{\psi}}_m(i+1)\|_2^2) \tag{4-53}$$

同样地，求式（4-45）两边的平方 L_2-范数，再取数学期望，基于假设 2 和假设 3 可以得到

$$E(\|\tilde{\boldsymbol{\psi}}_m(i+1)\|_2^2)=E(\|\tilde{\boldsymbol{w}}_m(i)\|_{\Sigma_k}^2)+\mu_k^2\sigma_{v,k}^2 E\left(\frac{1}{\|\boldsymbol{u}_k(i)\|_2^2}\right) \tag{4-54}$$

其中

$$\begin{aligned}
\boldsymbol{\Sigma}_k &= E((\boldsymbol{I}_M-\mu_k\boldsymbol{A}_k(i))^{\mathrm{T}}(\boldsymbol{I}_M-\mu_k\boldsymbol{A}_k(i)))\\
&= \boldsymbol{I}_M-(2\mu_k-\mu_k^2)E(\boldsymbol{A}_k(i))
\end{aligned} \tag{4-55}$$

式中，$\|\boldsymbol{y}\|_{\boldsymbol{\Sigma}}^2\triangleq \boldsymbol{y}^{\mathrm{T}}\boldsymbol{\Sigma y}$ 表示加权范数；$\boldsymbol{\Sigma}$ 是任意加权矩阵。

为了得到式（4-54）的边界，需要引入下面的引理。

引理 1：如果 $0<\mu_k<2$（见本小节的命题 2），则式（4-55）给出的 $\boldsymbol{\Sigma}_k$ 是一个对称的正定矩阵，并满足如下关系：

$$\beta_{k,\min}\boldsymbol{I}_M \leqslant \boldsymbol{\Sigma}_k \leqslant \beta_{k,\max}\boldsymbol{I}_M \tag{4-56}$$

其中

$$\beta_{k,\min}=[1-(2\mu_k-\mu_k^2)\lambda_{\boldsymbol{A}_k,\max}]>0$$

$$\beta_{k,\max}=[1-(2\mu_k-\mu_k^2)\lambda_{\boldsymbol{A}_k,\min}]>0 \tag{4-57}$$

式中，$\lambda_{\boldsymbol{A}_k,\min}$ 和 $\lambda_{\boldsymbol{A}_k,\max}$ 分别表示矩阵 $E(\boldsymbol{A}_k(i))$ 的最小特征值和最大特征值。另外，式（4-56）中的标记 $\boldsymbol{X}\leqslant\boldsymbol{Y}$ 表示 $\boldsymbol{Y}-\boldsymbol{X}\geqslant 0$，这意味着矩阵 $\boldsymbol{Y}-\boldsymbol{X}$ 是半正定的。

证明　根据假设 1 可知，节点 k 的输入向量的归一化自相关矩阵 $E(\boldsymbol{A}_k(i))$ 是对称的正定矩阵，且满足下面的不等式[78]：

$$\lambda_{\boldsymbol{A}_k,\min}\boldsymbol{I}_M \leqslant E(\boldsymbol{A}_k(i)) \leqslant \lambda_{\boldsymbol{A}_k,\max}\boldsymbol{I}_M \tag{4-58a}$$

$$0<\lambda_{\boldsymbol{A}_k,\min}\leqslant\lambda_{\boldsymbol{A}_k,\max}\leqslant\frac{1}{M} \tag{4-58b}$$

式（4-58）中的等号成立，当且仅当节点的输入信号是白色信号。

如果条件 $0<\mu_k<2$ 得到满足，那么 $0<(2\mu_k-\mu_k^2)<1$，则联合式（4-58a）能推导出如下不等式：

$$\begin{aligned}-\lambda_{\boldsymbol{A}_k,\max}\boldsymbol{I}_M &\leqslant -(2\mu_k-\mu_k^2)\lambda_{\boldsymbol{A}_k,\max}\boldsymbol{I}_M\\ &\leqslant -(2\mu_k-\mu_k^2)E(\boldsymbol{A}_k(i))\\ &\leqslant -(2\mu_k-\mu_k^2)\lambda_{\boldsymbol{A}_k,\min}\boldsymbol{I}_M\\ &\leqslant -\lambda_{\boldsymbol{A}_k,\min}\boldsymbol{I}_M\end{aligned} \tag{4-59}$$

然后，联合式（4-58a）、（4-58b）和式（4-59），能够推导出

$$\begin{aligned}0\boldsymbol{I}_M &< \boldsymbol{I}_M-(2\mu_k-\mu_k^2)\lambda_{\boldsymbol{A}_k,\max}\boldsymbol{I}_M\\ &\leqslant \boldsymbol{I}_M-(2\mu_k-\mu_k^2)E(\boldsymbol{A}_k(i))\\ &=\boldsymbol{\Sigma}_k\end{aligned} \tag{4-60}$$

和

$$\begin{aligned}\boldsymbol{\Sigma}_k &= \boldsymbol{I}_M-(2\mu_k-\mu_k^2)E(\boldsymbol{A}_k(i))\boldsymbol{I}_M\\ &\leqslant \boldsymbol{I}_M-(2\mu_k-\mu_k^2)\lambda_{\boldsymbol{A}_k,\min}\boldsymbol{I}_M\end{aligned} \tag{4-61}$$

至此，联合式（4-60）和式（4-61），并根据式（4-57）的定义，便完成了引理 1 的证明。利用引理 1，能够获得式（4-54）的边界：

$$\begin{aligned}\beta_{k,\min}E(\|\tilde{\boldsymbol{w}}_k(i)\|_2^2)+\mu_k^2\sigma_{v,k}^2E\left(\frac{1}{\|\boldsymbol{u}_k(i)\|_2^2}\right) &\leqslant E(\|\tilde{\boldsymbol{\psi}}_k(i+1)\|_2^2)\\ &\leqslant \beta_{k,\max}E(\|\tilde{\boldsymbol{w}}_k(i)\|_2^2)+\mu_k^2\sigma_{v,k}^2E\left(\frac{1}{\|\boldsymbol{u}_k(i)\|_2^2}\right)\end{aligned} \tag{4-62}$$

为了继续分析，定义如下向量：

$$\mathcal{X}(i) \triangleq \operatorname{col}\{E(\|\tilde{\boldsymbol{\psi}}_1(i)\|_2^2),\cdots,E(\|\tilde{\boldsymbol{\psi}}_N(i)\|_2^2)\}$$

$$\mathcal{W}(i) \triangleq \operatorname{col}\{E(\|\tilde{\boldsymbol{w}}_1(i)\|_2^2),\cdots,E(\|\tilde{\boldsymbol{w}}_N(i)\|_2^2)\}$$

$$\mathcal{Y} \triangleq \operatorname{col}\left\{\mu_1^2\sigma_{v,1}^2 E\left(\frac{1}{\|\boldsymbol{u}_1(i)\|_2^2}\right),\cdots,\mu_N^2\sigma_{v,N}^2 E\left(\frac{1}{\|\boldsymbol{u}_N(i)\|_2^2}\right)\right\} \tag{4-63}$$

定义对角矩阵：

$$\boldsymbol{\Lambda}_{\max} \triangleq \operatorname{diag}\{\beta_{1,\max},\cdots,\beta_{N,\max}\} \tag{4-64}$$

应用式（4-63）和式（4-64），将在所有节点的式（4-53）和式（4-62）表示为全局形式：

$$\mathcal{X}(i+1) \leqslant \boldsymbol{\Lambda}_{\max}\mathcal{W}(i)+\mathcal{Y} \tag{4-65a}$$

$$\mathcal{W}(i+1) \leqslant \boldsymbol{C}^{\mathrm{T}}\mathcal{X}(i+1) \tag{4-65b}$$

对于稳定性分析，式（4-65a）只考虑了式（4-62）的不等式上界。由于矩阵 $\mathbf{C}$ 的元素是非负的，因而联合式（4-65a）和式（4-65b）可得

$$\mathcal{W}(i+1) \leqslant \boldsymbol{C}^{\mathrm{T}}\boldsymbol{\Lambda}_{\max}\mathcal{W}(i)+\boldsymbol{C}^{\mathrm{T}}\mathcal{Y} \tag{4-66}$$

求式（4-66）两边的无穷范数（记为 $\|\cdot\|_\infty$），有

$$\begin{aligned}\|\mathcal{W}(i+1)\|_\infty &\leqslant \|\boldsymbol{C}^{\mathrm{T}}\boldsymbol{\Lambda}_{\max}\mathcal{W}(i)\|_\infty+\|\boldsymbol{C}^{\mathrm{T}}\mathcal{Y}\|_\infty \\ &\leqslant \|\boldsymbol{C}^{\mathrm{T}}\|_\infty\cdot\|\boldsymbol{\Lambda}_{\max}\|_\infty\cdot\|\mathcal{W}(i)\|_\infty+\|\boldsymbol{C}^{\mathrm{T}}\|_\infty\cdot\|\mathcal{Y}\|_\infty \\ &=\|\Lambda_{\max}\|_\infty\cdot\|\mathcal{W}(i)\|_\infty+\|\mathcal{Y}\|_\infty\end{aligned} \tag{4-67}$$

其中

$$\|\boldsymbol{\Lambda}_{\max}\|_\infty = \max_{1\leqslant k\leqslant N}\{\beta_{k,\max}\}$$

$$\|\mathcal{Y}\|_\infty = \max_{1\leqslant k\leqslant N}\left\{\mu_k^2\sigma_{v,k}^2 E\left(\frac{1}{\|\boldsymbol{u}_k(i)\|_2^2}\right)\right\} \tag{4-68}$$

此外，式（4-67）的推导还利用了性质 $\|\boldsymbol{C}^{\mathrm{T}}\|_\infty=1$，因为矩阵 $\boldsymbol{C}$ 是随机矩阵。

从 0 时刻开始迭代式（4-67），可得到如下关系式：

$$\|\mathcal{W}(i+1)\|_\infty \leqslant \|\boldsymbol{\Lambda}_{\max}\|_\infty^i\cdot\|\mathcal{W}(0)\|_\infty+\|\mathcal{Y}\|_\infty\sum_{j=0}^{i-1}\|\boldsymbol{\Lambda}_{\max}\|_\infty^j \tag{4-69}$$

如果 $\|\boldsymbol{\Lambda}_{\max}\|_\infty<1$，则式（4-69）右边的第一项将随着 $i\to\infty$ 收敛到 0，而第二项将收敛到

$$\lim_{i\to\infty}\|\mathcal{Y}\|_\infty\sum_{j=0}^{i-1}\|\boldsymbol{\Lambda}_{\max}\|_\infty^j=\frac{\|\mathcal{Y}\|_\infty}{1-\|\boldsymbol{\Lambda}_{\max}\|_\infty} \tag{4-70}$$

因此，式（4-69）的上界将收敛到

$$\limsup_{i\to\infty}\|\mathcal{W}(i)\|_\infty \leqslant \frac{\|\mathcal{Y}\|_\infty}{1-\|\boldsymbol{\Lambda}_{\max}\|_\infty} \tag{4-71}$$

根据式（4-57）和式（4-68）的定义，收敛条件 $\|\boldsymbol{\Lambda}_{\max}\|_\infty<1$ 等价于

$$0<[1-(2\mu_k-\mu_k^2)\lambda_{A_k,\min}]<1,\ k=1,\cdots,N \tag{4-72}$$

结合式（4-58b）中的 $\lambda_{A_k,\min}<1/M$，则可以根据式（4-72）推导出稳定步长范围：

$$0<\mu_k<2,\ k=1,\cdots,N \tag{4-73}$$

此外，$\|\boldsymbol{\Lambda}_{\max}\|_\infty$ 控制着 dNLMS 算法的收敛速度，且它是关于步长 μ_k 的二次函数。因此，dNLMS 算法的最快收敛模式是在 $\|\boldsymbol{\Lambda}_{\max}\|_\infty$ 相对于 μ_k 最小时获得的，即等价于

$$\frac{\partial\beta_{k,\max}}{\partial\mu_k}=0,\ k=1,\cdots,N \tag{4-74}$$

其解是 $\mu_k=1,\ k=1,\cdots,N$。

命题 2：由于 $M\geqslant 1$，根据式（4-58b）可知，式（4-52）包含式（4-73），所以为了确保 dNLMS 算法在均值和均方意义下都是收敛的，对于节点 k，其步长 μ_k 须满足 $0<\mu_k<2$。而且当 $\mu_k=1$ 时，算法有着最快的收敛模式。

命题 2 也说明，与 dLMS 算法相比，dNLMS 算法的稳定步长范围不依赖于节点输入向量的自相关矩阵的最大特征值。

推论：联合式（4-42）和命题 2 能够推断出，RVSS-dNLMS 算法是稳定收敛的。而且，为了获得最好的收敛性能，$\mu=1$ 是最好的选择。

4.3.4.2　稳态性能

基于上节的推论，本节只考虑 $\mu=1$ 的 RVSS-dNLMS 算法的稳态性能分析。

利用式（4-35a）和（4-38a），RVSS-dNLMS 算法在节点 k 关于中间估计向量 $\boldsymbol{\psi}_k(i)$ 的更新公式改写为

$$\boldsymbol{\psi}_k(i+1)=\boldsymbol{w}_k(i)+\sqrt{\frac{\zeta_k(i+1)-\upsilon\xi_k(i)}{1-\upsilon}}\frac{\boldsymbol{u}_k(i)\mathrm{sign}(e_k(i))}{\|\boldsymbol{u}_k(i)\|_2^2} \tag{4-75}$$

$\boldsymbol{w}_o$ 减去式（4-75）的两边，可以产生

$$\tilde{\boldsymbol{\psi}}_k(i+1)=\tilde{\boldsymbol{w}}_k(i)-\sqrt{\frac{\zeta_k(i+1)-\upsilon\xi_k(i)}{1-\upsilon}}\frac{\boldsymbol{u}_k(i)\mathrm{sign}(e_k(i))}{\|\boldsymbol{u}_k(i)\|_2^2} \tag{4-76}$$

然后求得式（4-76）两边的平方 L_2-范数：

$$\|\tilde{\boldsymbol{\psi}}_k(i+1)\|_2^2=\|\tilde{\boldsymbol{w}}_k(i)\|_2^2-2\sqrt{\frac{\zeta_k(i+1)-\upsilon\xi_k(i)}{1-\upsilon}}\frac{\text{sign}(e_k(i))e_{k,a}(i)}{\|\boldsymbol{u}_k(i)\|_2^2}+\frac{\zeta_k(i+1)-\upsilon\xi_k(i)}{1-\upsilon} \tag{4-77}$$

式中，$e_{k,a}(i)\triangleq\tilde{\boldsymbol{w}}_k^{\mathrm{T}}(i)\boldsymbol{u}_k(i)$ 表示在节点 k 的先验误差。

典型的遗忘因子 υ 的值接近于 1，也就是说相比于节点输入信号和误差信号的变化，由式（4-38a）和（4-38b）计算得到的 $\xi_k(i)$ 和 $\zeta_k(i)$ 的变化是相对缓慢的。因此，假设 $\xi_k(i)$ 和 $\zeta_k(i)$ 的方差足够小也是合理的，即 $\xi_k(i)-E(\xi_k(i))\approx 0$ 和 $\zeta_k(i)-E(\zeta_k(i))\approx 0$。类似的假设已经在自适应滤波算法和分布式自适应算法的性能分析中得到广泛应用[66] [67]。基于此，得到如下近似关系：

$$E\left(\sqrt{\frac{\zeta_k(i+1)-\upsilon\xi_k(i)}{1-\upsilon}}\frac{\text{sign}(e_k(i))e_{k,a}(i)}{\|\boldsymbol{u}_k(i)\|_2}\right)\approx\sqrt{\frac{E(\zeta_k(i+1))-\upsilon E(\xi_k(i))}{1-\upsilon}}E\left(\frac{\text{sign}(e_k(i))e_{k,a}(i)}{\|\boldsymbol{u}_k(i)\|_2}\right) \tag{4-78}$$

求式（4-77）两边的数学期望，并利用式（4-78）可得

$$E(\|\tilde{\boldsymbol{\psi}}_k(i+1)\|_2^2)=E(\|\tilde{\boldsymbol{w}}_k(i)\|_2^2)-2\sqrt{\frac{E(\zeta_k(i+1))-\upsilon E(\xi_k(i))}{1-\upsilon}}E\left(\frac{\text{sign}(e_k(i))e_{k,a}(i)}{\|\boldsymbol{u}_k(i)\|_2}\right)+\frac{E(\zeta_k(i+1))-\upsilon E(\xi_k(i))}{1-\upsilon} \tag{4-79}$$

为了计算式（4-79）右边的第二项，需要引入下面的引理 2。引理 2 已经广泛应用于基于符号的算法性能分析中[79] [80]。

引理 2：e_a 和 u 是零均值的联合高斯随机变量。令 $e=e_a+v$，其中，v 是零均值 CG 随机变量且方差为 $\sigma_v^2=P_r\sigma_s^2+(1-P_r)\sigma_\theta^2$，变量 v 分别独立于变量 e_a 和 u。如果 $e_1=e_a+\omega_1$ 和 $e_2=e_a+\omega_2$，其中，ω_1 和 ω_2 是零均值的高斯随机变量且方差分别为 $\sigma_{\omega_1}^2=\sigma_s^2$ 和 $\sigma_{\omega_2}^2=\sigma_\theta^2$，且它们独立于 e_a 和 u，则

$$E(\text{sign}(e)u)=P_rE(\text{sign}(e_1)u)+(1-P_r)E(\text{sign}(e_2)u)$$

此外，基于中心极限定理，当 $M\gg 1$ 时，假设 $e_{k,a}(i)$ 服从高斯分布[81]。因此，得到下面的表达式：

$$E\left(\frac{\text{sign}(e_k(i))e_{k,a}(i)}{\|\boldsymbol{u}_k(i)\|_2}\right)\approx r_kE(\text{sign}(e_k(i))e_{k,a}(i)) \tag{4-80}$$

$$E(\text{sign}(e_k(i))e_{k,a}(i))=E(E(\text{sign}(e_k(i))e_{k,a}(i)\mid\tilde{\boldsymbol{w}}_k(i))) \tag{4-81}$$

其中

$$r_k \triangleq E\left(\frac{1}{\|\boldsymbol{u}_k(i)\|_2}\right)$$

应用引理 2 和 Price 理论[82]可以得到下述数学关系：

$$E(\text{sign}(e_k(i))e_{k,a}(i) \mid \tilde{\boldsymbol{w}}_k(i)) = h_k E(e_k(i)e_{k,a}(i) \mid \tilde{\boldsymbol{w}}_k(i)) \tag{4-82}$$

其中

$$h_k = \sqrt{\frac{2}{\pi}}\left\{\frac{p_{r,k}}{\sqrt{E(e_{k,a}^2(i)) + \sigma_{s,k}^2}} + \frac{1 - p_{r,k}}{\sqrt{E(e_{k,a}^2(i)) + \sigma_{\theta,k}^2}}\right\} \neq 0 \tag{4-83}$$

将式（4-82）代入式（4-81），并利用假设 2 至假设 4 有

$$E(\text{sign}(e_k(i))e_{k,a}(i)) = h_k E(e_{k,a}^2(i)) \tag{4-84}$$

结合式（4-80）和式（4-84），式（4-79）可以简化为

$$\begin{aligned} E(\|\tilde{\boldsymbol{\varphi}}_k(i+1)\|_2^2) = E(\|\tilde{\boldsymbol{w}}_k(i)\|_2^2) - \\ 2h_k r_k \sqrt{\frac{E(\zeta_k(i+1)) - \upsilon E(\xi_k(i))}{1-\upsilon}} E(e_{k,a}^2(i)) + \\ \frac{E(\zeta_k(i+1)) - \upsilon E(\xi_k(i))}{1-\upsilon} \end{aligned} \tag{4-85}$$

为了进一步展开分析，定义如下向量：

$$\begin{aligned} &\mathcal{H} \triangleq \text{diag}(2h_1 r_1, \cdots, 2h_N r_N) \\ &\mathcal{S}_e(i) \triangleq \text{diag}\{E(e_{1,a}^2(i)), \cdots, E(e_{N,a}^2(i))\} \\ &\xi(i) \triangleq \text{col}\{\xi_1(i), \cdots, \xi_N(i)\} \\ &\zeta(i) \triangleq \text{col}\{\zeta_1(i), \cdots, \zeta_N(i)\} \\ &\varsigma(i) \triangleq \frac{E(\zeta_k(i+1)) - \upsilon E(\xi_k(i))}{1-\upsilon} \end{aligned} \tag{4-86}$$

根据式（4-63）和式（4-86）中的定义量，将式（4-85）所示的单节点关系构建为如下全局形式：

$$\mathcal{X}(i+1) = \mathcal{W}(i) - \mathcal{H}\mathcal{S}_e(i)\sqrt{\varsigma(i)} + \varsigma(i) \tag{4-87}$$

然后，结合式（4-65b）和式（4-87），可得

$$\mathcal{W}(i+1) \leqslant \boldsymbol{C}^{\mathrm{T}}(\mathcal{W}(i) - \mathcal{H}\mathcal{S}_e(i)\sqrt{\varsigma(i)} + \varsigma(i)) \tag{4-88}$$

求不等式（4-88）两边的无穷范数，并再次利用关系 $\|\boldsymbol{C}^{\mathrm{T}}\|_\infty = 1$ 可得

$$\|\mathcal{W}(i+1)\|_{\infty} \leqslant \left\|\mathcal{W}(i) - \mathcal{H}\mathcal{S}_e(i)\sqrt{\varsigma(i)} + \varsigma(i)\right\|_{\infty} \tag{4-89}$$

由于$\mathcal{H}$和$\mathcal{S}_e(i)$是对角矩阵且它们的对角元素都是正数，故式（4-89）可以等价地表示为

$$E(\|\tilde{\boldsymbol{w}}_k(i+1)\|_2^2) \leqslant E(\|\tilde{\boldsymbol{w}}_k(i)\|_2^2) - 2h_k r_k\sqrt{\frac{E(\zeta_k(i+1)) - \upsilon E(\xi_k(i))}{1-\upsilon}}E(e_{k,a}^2(i)) + \frac{E(\zeta_k(i+1)) - \upsilon E(\xi_k(i))}{1-\upsilon},\ k=1,\cdots,N \tag{4-90}$$

假设算法已经收敛到稳态即$i\to\infty$，求式（4-90）中所有项的极限，能够建立如下关系：

$$2h_k r_k E(e_{k,a}^2(\infty)) \leqslant \sqrt{\frac{E(\zeta_k(\infty)) - \upsilon E(\xi_k(\infty))}{1-\upsilon}} \tag{4-91}$$

其中

$$E(e_{k,a}^2(\infty)) \triangleq \lim_{i\to\infty} E(e_{k,a}^2(i)),$$

$$E(\zeta_k(\infty)) \triangleq \lim_{i\to\infty} E(\zeta_k(i)),$$

$$E(\xi_k(\infty)) \triangleq \lim_{i\to\infty} E(\xi_k(i))$$

引理 3：$E(\zeta_k(i))$和$E(\xi_k(i))$是单调递减的，且近似收敛到 0。

证明　根据公式（4-86）中的定义，重新表示所有节点的式（4-38a）和（4-38b）为

$$\boldsymbol{\xi}(i+1) = \boldsymbol{C}^{\mathrm{T}}\boldsymbol{\zeta}(i+1) = \boldsymbol{C}^{\mathrm{T}}[\alpha\boldsymbol{\xi}(i) + (1-\alpha)\min\{\boldsymbol{f}(i), \boldsymbol{\xi}(i)\}] \tag{4-92}$$

其中

$$\boldsymbol{f}(i) \triangleq \operatorname{col}\left\{\frac{e_1^2(i)}{\|\boldsymbol{u}_1(i)\|_2^2}, \cdots, \frac{e_N^2(i)}{\|\boldsymbol{u}_N(i)\|_2^2}\right\} \tag{4-93}$$

求式（4-92）两边的无穷范数，得

$$\begin{aligned}\|\boldsymbol{\xi}(i+1)\|_{\infty} &\leqslant \|\boldsymbol{C}^{\mathrm{T}}\|_{\infty}\cdot\|\boldsymbol{\zeta}(i+1)\|_{\infty} \\ &= \|\boldsymbol{\zeta}(i+1)\|_{\infty} \\ &\leqslant \alpha\|\boldsymbol{\zeta}(i)\|_{\infty} + (1-\alpha)\min\{\|\boldsymbol{f}(i)\|_{\infty}, \|\boldsymbol{\xi}(i)\|_{\infty}\}\end{aligned} \tag{4-94}$$

由于该算法是收敛的，且$\xi_k(i)$是正数，因而通过式（4-94）可得$\|\boldsymbol{\xi}(i+1)\|_{\infty} \leqslant \|\boldsymbol{\zeta}(i+1)\|_{\infty} < \|\boldsymbol{\xi}(i)\|_{\infty}$，揭示了由式（4-38a）和（4-38b）计算的$\xi_k(i)$和$\zeta_k(i)$是关于迭代时间$i$的减函数。因此，$E(\xi_k(i))$和$E(\zeta_k(i))$也是正值递减序列。

然后，求式（4-92）两边的数学期望，即

$$E(\boldsymbol{\xi}(i+1)) = \mathbf{C}^{\mathrm{T}}[\alpha E(\boldsymbol{\xi}(i)) + (1-\alpha)E(\min\{\boldsymbol{f}(i), \boldsymbol{\xi}(i)\})] \tag{4-95}$$

为了继续处理式（4-95），再次使用$\xi_k(i)$方差足够小的假设，因而能够获得下面的近似：

$$E\left(\min\left\{\frac{e_k^2(i)}{\|\boldsymbol{u}_k(i)\|_2^2},\xi_k(i)\right\}\right)$$
$$\approx E(\xi_k(i))P_{k,i}(z_k > E(\xi_k(i))) + \int_0^{E(\xi_k(i))} z_k \mathrm{d}F_{k,i}(z_k) \tag{4-96}$$

式中，$z_k \doteq \frac{e_k^2(i)}{\|\boldsymbol{u}_k(i)\|_2^2}$表示$z_k$和$\frac{e_k^2(i)}{\|\boldsymbol{u}_k(i)\|_2^2}$有相同的分布，$P_{k,i}(\cdot)$表示事件发生的概率，$F_{k,i}(z_k)$表示在节点$k$处$z_k$关于时刻$i$的分布函数。

将式（4-96）代入式（4-95），得

$$E(\boldsymbol{\xi}(i+1)) = \mathbf{C}^{\mathrm{T}}[\alpha E(\boldsymbol{\xi}(i)) + (1-\alpha)\boldsymbol{P}(i)E(\boldsymbol{\xi}(i)) + (1-\alpha)\boldsymbol{z}(i)] \tag{4-97}$$

其中

$$\boldsymbol{P}(i) = \mathrm{diag}\{P_{1,i}(z_1 > E(\xi_1(i))),\cdots,P_{N,i}(z_N > E(\xi_N(i)))\} \tag{4-98}$$

$$\boldsymbol{z}(i) = \mathrm{diag}\left\{\int_0^{E(\xi_1(i))} z_1 \mathrm{d}F_{1,i}(z_1),\cdots,\int_0^{E(\xi_N(i))} z_N \mathrm{d}F_{N,i}(z_N)\right\} \tag{4-99}$$

求式（4-97）中每项在$i\to\infty$时的极限，可得到

$$E(\boldsymbol{\xi}(\infty)) = \boldsymbol{C}^{\mathrm{T}}[\alpha E(\boldsymbol{\xi}(\infty)) + (1-\alpha)\,\boldsymbol{P}(\infty)E(\boldsymbol{\xi}(\infty)) + (1-\alpha)\boldsymbol{z}(\infty)] \tag{4-100}$$

求式（4-100）两边的无穷范数，并整理得到

$$\|E(\boldsymbol{\xi}(\infty))\|_\infty \leqslant \|\boldsymbol{P}(\infty)\|_\infty \cdot \|E(\boldsymbol{\xi}(\infty))\|_\infty + \|\boldsymbol{z}(\infty)\|_\infty \tag{4-101}$$

其中

$$\|\boldsymbol{P}(\infty)\|_\infty = \max_{1\leqslant k\leqslant N} P_{k,\infty}(z_k > E(\xi_k(\infty))) \tag{4-102}$$

根据式（4-102），式（4-101）等价为

$$E(\xi_k(\infty)) \leqslant P_{k,\infty}(z_k > E(\xi_k(\infty)))\cdot E(\xi_k(\infty)) + \int_0^{E(\xi_k(\infty))} z_k \mathrm{d}F_{k,\infty}(z_k) \tag{4-103}$$

即

$$P_{k,\infty}(z_k \leqslant E(\xi_k(\infty)))\cdot E(\xi_k(\infty)) \leqslant \int_0^{\mathrm{E}(\xi_k(\infty))} z_k \mathrm{d}F_{k,\infty}(z_k) \tag{4-104}$$

式中，$k=1,\cdots,N$。

由于不等式（4-104）的求解十分困难，为了简单起见，考虑等号成立的情况，即

$$P_{k,\infty}(z_k \leqslant E(\xi_k(\infty)))\cdot E(\xi_k(\infty)) = \int_0^{E(\xi_k(\infty))} z_k \mathrm{d}F_{k,\infty}(z_k) \tag{4-105}$$

根据文献[66]的附录 A 得知，形如式（4-105），其解为 $E(\xi_k(\infty))=0$。由于式（4-105）是式（4-104）的上界，所以推断：在节点 k，$E(\xi_k(i))$ 近似地收敛于 0。同样地，中间值 $E(\zeta_k(i))$ 也近似地收敛于 0。

引理 3 证毕。

基于引理 3 以及假设 1 和假设 2，从式（4-91）中可以得出

$$E(e_{k,a}^2(\infty))=\mathrm{tr}\{\lim_{i\to\infty}E(\tilde{\boldsymbol{w}}_k(i)\tilde{\boldsymbol{w}}_k^{\mathrm{T}}(i))\boldsymbol{R}_k\}\approx 0\,,\quad k=1,\cdots,N \tag{4-106}$$

因此，从式（4-106）中可以得到

$$E(\|\tilde{\boldsymbol{w}}_k(\infty)\|_2^2)=\mathrm{tr}\{\lim_{i\to\infty}E(\tilde{\boldsymbol{w}}_k(i)\tilde{\boldsymbol{w}}_k^{\mathrm{T}}(i))\}\approx 0\,,\quad k=1,\cdots,N \tag{4-107}$$

式（4-107）表明，即使存在冲击噪声，RVSS-dNLMS 算法在经历足够多的迭代次数后，能够获得很低的稳态估计误差。

4.3.5 计算机仿真

为了验证 RVSS-dNLMS 算法的性能，采用图 4-7 所示的含有 N=20 个节点的扩散型自适应网络。网络的待估参数向量 $\boldsymbol{w}_o$ 由零均值均匀分布随机产生，其长度为 $M=16$，且进行了归一化 $\|\boldsymbol{w}_o\|_2=1$。节点 k 的输入信号向量为 $\boldsymbol{u}_k(i)=(u_k(i),u_k(i-1),\cdots,u_k(i-M+1))^{\mathrm{T}}$。$u_k(i)$ 通过极点为 t_k 的 AR（1）系统产生，即 $u_k(i)=t_k u_k(i-1)+\epsilon_k(i)$，其中，$\epsilon_k(i)$ 是均值为零、方差为 $\sigma_{\epsilon,k}^2$ 的白色高斯过程。背景噪声 $\theta_k(i)$ 由均值为零、方差为 $\sigma_{\theta,k}^2$ 的白色高斯过程产生。图 4-8 给出了所有节点的 $\sigma_{\epsilon,k}^2$，t_k 和 $\sigma_{\theta,k}^2$ 值。除非另有说明，本节所有扩散型算法的加权系数 $\{c_{m,k}\}$ 均采用 Metropolis 规则生成。采用网络 MSD，即 $\mathrm{MSD_{net}}\triangleq\frac{1}{N}\sum_{k=1}^{N}E(\|\tilde{\boldsymbol{w}}_k(i)\|_2^2)$ 来评价算法的性能。所有的仿真结果都是 200 次独立运行结果的平均值。

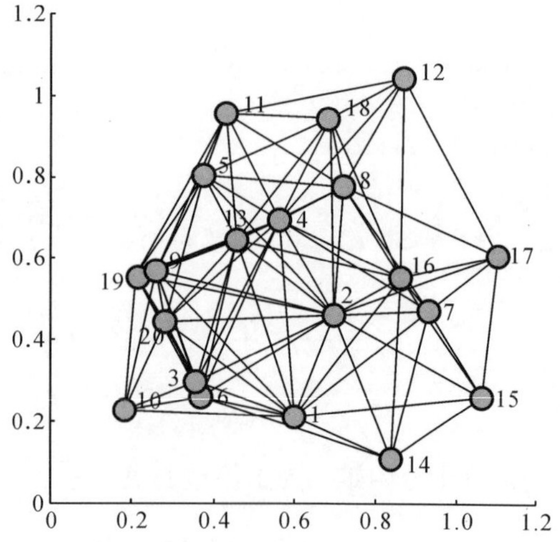

图 4-7　扩散型网络的拓扑结构

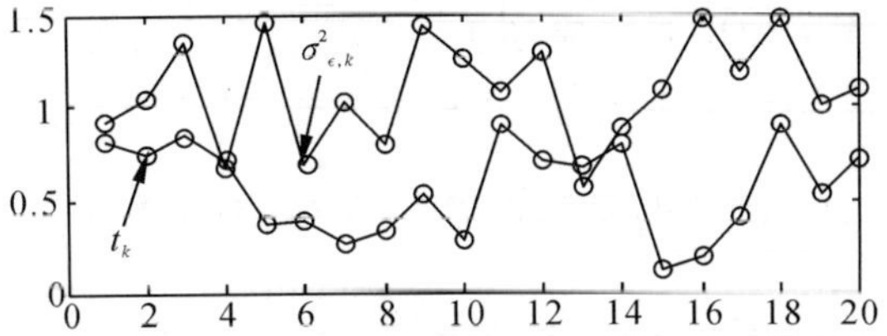

（a）节点 k

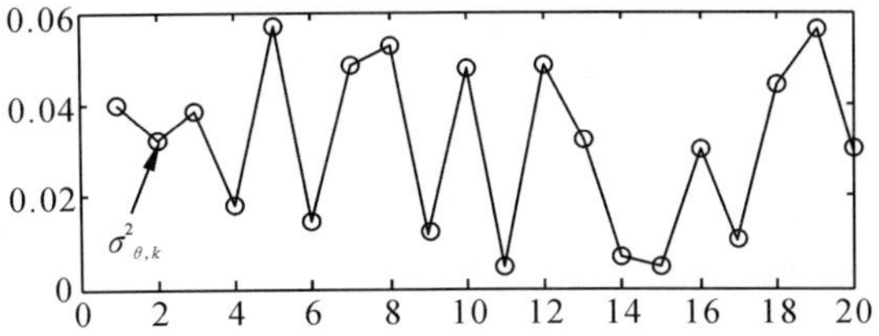

（b）节点 k

图 4-8　所有节点的 $\sigma^2_{\epsilon,k}$，t_k 和 $\sigma^2_{\theta,k}$ 的值

实验 1：高斯噪声环境

在高斯噪声环境下，图 4-9 比较了 dNLMS、dSE-LMS、dLMP、VSS-dNLMS [75]和 RVSS-dNLMS 算法的性能。为了比较的公平性，设置所有算法的参数使得它们的初始收敛速度相同或稳态 MSD 相同，具体参数设置如下：$\mu_k = 1$ 或 0.14（dNLMS）；$\mu_k = 0.008$（dSE-LMS）；$\mu_k = 0.008$ 和 $p = 1.5$（dLMP）；$\beta = 1.2$ 和 $P_{k,0} = 10$（VSS-dNLMS）；$\upsilon = 0.97$（RVSS-dNLMS）。如图 4-9 所示，dNLMS 算法比 dSE-LMS 算法的收敛速度快。两个 VSS 算法与大步长 dNLMS（即 $\mu_k = 1$）算法保持着相同的收敛速度，而 VSS 算法有更小的稳态 MSD。使用一个小步长 $\mu_k = 0.14$，虽然 dNLMS 算法能够得到与 VSS-dNLMS 算法相同的稳态 MSD 性能，但其收敛速度减慢。然而，与 VSS-dNLMS 算法相比，RVSS-dNLMS 算法有更低的稳态 MSD。另外，VSS-dNLMS 算法需要已知背景噪声的方差 $\sigma^2_{\theta,k}$，而 RVSS-dNLMS 算法无此要求，更具实用性。

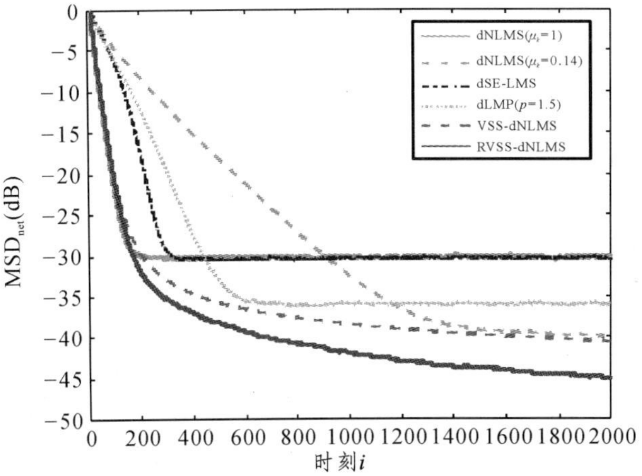

图 4-9　高斯噪声环境下各算法的网络 MSD 学习曲线

实验 2：冲击噪声环境（使用 CG 模型）

本实验采用 CG 模型模拟冲击噪声环境，BG 过程 $y_k(i)$ 中使用的高斯噪声均值为零，方差为 $\sigma_{g,k}^2 = 1000\sigma_{y,k}^2$，其中，$\sigma_{y,k}^2$ 是滤波器输出信号 $y_k(i) = \boldsymbol{u}_k^{\mathrm{T}}(i)\boldsymbol{w}_o$ 的能量。

图 4-10 中的冲击噪声仅在节点 1 发生，发生概率为 $P_{r,1} = 0.01$。算法的参数设置与图 4-9 相同。对比图 4-9 和图 4-10 可知，冲击噪声严重降低了 dNLMS 和 VSS-dNLMS 算法的性能，即使冲击噪声样本仅出现在节点 1。这是由于节点之间发生了信息交流与融合，使得节点 1 上的冲击噪声干扰带来的负面影响迅速扩散到整个网络上。相比较而言，dLMP、dSE-LMS 和 RVSS-dNLMS 算法对冲击噪声不敏感，具有较好的鲁棒性。

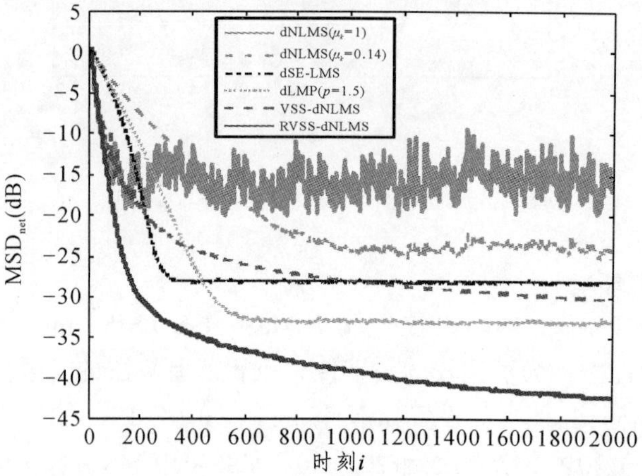

图 4-10　冲击噪声环境下各算法的网络 MSD 学习曲线

注：冲击噪声发生在节点 1。

图 4-11 中假设所有节点都被冲击噪声干扰。节点 k 的冲击噪声发生概率 $P_{r,k}$ 在 $[0.001, 0.05]$ 之间随机产生。由于大步长 $\mu_k = 1$ 下的 dNLMS 算法是发散的，在图中不予显示。除了图 4-10 中的算法，图 4-11 还增加了 RVWC-dLMS 算法[83]。对于该算法，组合步骤中的加权系数使用文献中特定的规则进行计算；由于自适应步骤中也存在信息交换，采用 Metropolis 规则来产

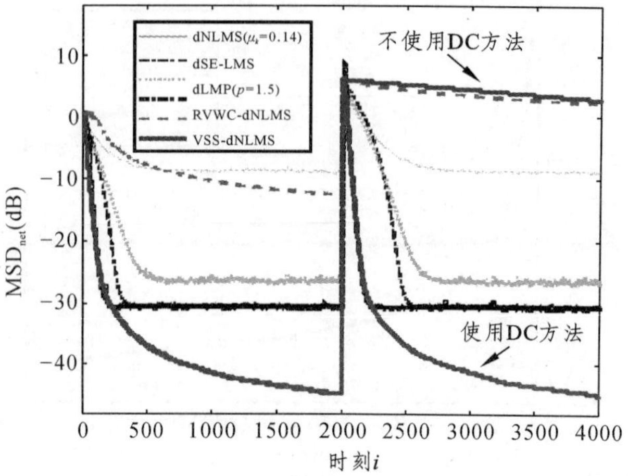

图 4-11　冲击噪声环境下各算法的网络 MSD 学习曲线

生加权系数；其他的参数设置为 $L=9$ ，$\alpha=2.58$ ，$\lambda=1-1/M$ 和 $\mu_k=0.048$ 。从图 4-11 可以看到，dNLMS 和 VSS-dNLMS 算法的性能有极大的退化，因为它们都是基于 MMSE 准则的算法。dSE-LMS 算法（即 $p=1$ 的 dLMP 算法）比 $p=1.5$ 的 dLMP 算法的收敛速度快，这说明 dLMP 算法对冲击噪声的鲁棒性取决于 p 的值。然而，dSE-LMS 算法在自适应更新过程中仅考虑节点输出误差的符号信息，这使得它的收敛速度比 RVWC-dLMS 算法慢。RVSS-dNLMS 算法在该场景中仍然是收敛的。而且，得益于它是 VSS 算法，RVSS-dNLMS 算法在保持相同收敛速度的情况下，还比 RVWC-dLMS 算法有更小的稳态网络 MSD。

为了验证算法的跟踪能力，如图 4-11 所示，未知参数向量在时刻 $i=2000$ 处从 $\boldsymbol{w}_o$ 变为 $-\boldsymbol{w}_o$ 。从图 4-11 中可以看到，VSS-dNLMS 和 RVSS-dNLMS 算法都不具备跟踪能力，但是提出的 DC 方法能够恢复 RVSS-dNLMS 算法的跟踪能力。图 4-12 给出了基于 DC 方法的 RVSS-dNLMS 算法在节点 1 上的步长 $\mu_1(i)$ 变化曲线（在其他节点，步长变化趋势类似）。DC 方法的参数设置为 $N_w=9$ ，$\kappa=0.99$ ，$l_{\text{th}}=30$ 和 $\varrho=3$ 。如图 4-12 所示，当参数向量 $\boldsymbol{w}_o$ 突然改变，此时估计的不匹配导致归一化误差的幅度远远大于 $\sqrt{\xi_k(i)}$ ，即 $|e_k(i)|/\|\boldsymbol{u}_k(i)\|_2 \gg \sqrt{\xi_k(i)}$ ，因此通过式（4-40）得到的步长将跳到一个更小的值。这就是 RVSS-dNLMS 算法不具有跟踪能力的原因。为了响应参数向量 $\boldsymbol{w}_o$ 的变化，DC 方法促使步长跳到较大的值，从而 RVSS-dNLMS 算法保持好的跟踪能力。

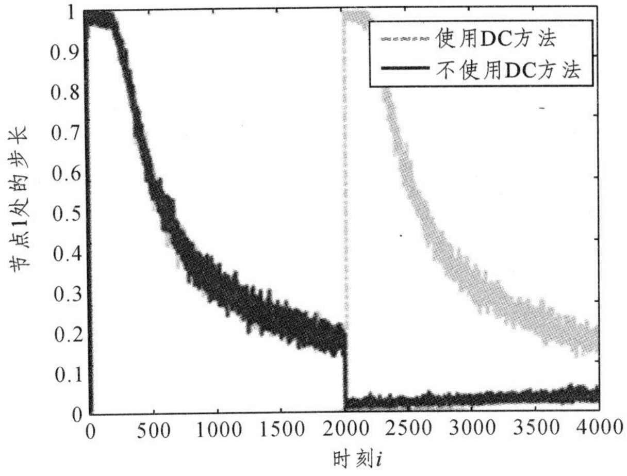

图 4-12　算法在节点 1 上的步长 $\mu_1(i)$ 变化曲线

表 4-7 给出了图 4-11 中各算法在计算机上使用 MATLAB R2013 的运行时间。其中，计算机配置是 Intel(R)Core(TM)i7-6700HQ CPU @2.60 GHz 和 8.00GB RAM。可以看出，RVSS-dNLMS 算法比 dSE-LMS、dLMP 和 dNLMS 算法需要更长的计算时间，但是比 VSS-dNLMS 和 RVWC-dLMS 算法需要的计算时间更短。

表 4-7　图 4-11 中各算法的运行时间

算法	dSE-LMS	dLMP	dNLMS	RVWC-dLMS
运行时间/s	270.19	272.74	286.28	1441.31
算法	VSS-dNLMS	RVSS-dNLMS	DC 方法	—
运行时间/s	433.03	321.56	63.15	—

实验 3：Alpha 稳定分布噪声环境

假设节点 k 上的加性观测噪声 $v_k(i)$ 由 Alpha 稳定分布产生。Alpha 稳定分布噪声是另一种常见的冲击噪声模型，其特征函数是 $\phi(t)=\exp(-\gamma|t|^{\alpha})$，其中，$\alpha$（$0<\alpha\leqslant 2$）表示特征指数（其值越小表示噪声的冲击性越强），$\gamma$（$\gamma>0$）表示冲击噪声样本的分散程度，与高斯噪声的方差作用类似。本实验中，参数设置为 $\alpha=1.25$ 和 $\gamma=2/15$。在该场景中，一些算法的参数设置如下：$p=1.2$（dLMP），$L=16$（RVWC-dLMS）。图 4-13 给出了各算法的网络 MSD 学习曲线。图 4-14 给出了图 4-13 中各算法在每个节点上的稳态 MSD。从图 4-13 和图 4-14 可以看到，dNLMS 和 VSS-dNLMS 算法对 Alpha 稳定分布噪声十分敏感，而其他算法对 Alpha 噪声保持鲁棒性。更加重要的是，RVSS-dNLMS+DC 算法有更快的收敛速度、更小的稳态估计误差以及更好的跟踪能力。

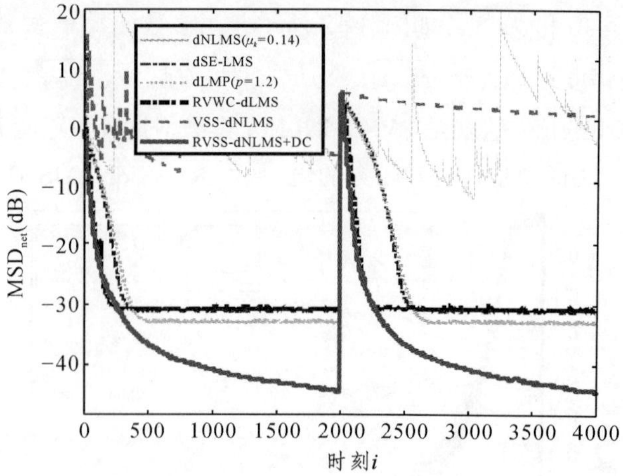

图 4-13　Alpha 稳定噪声环境下各算法的网络 MSD 学习曲线

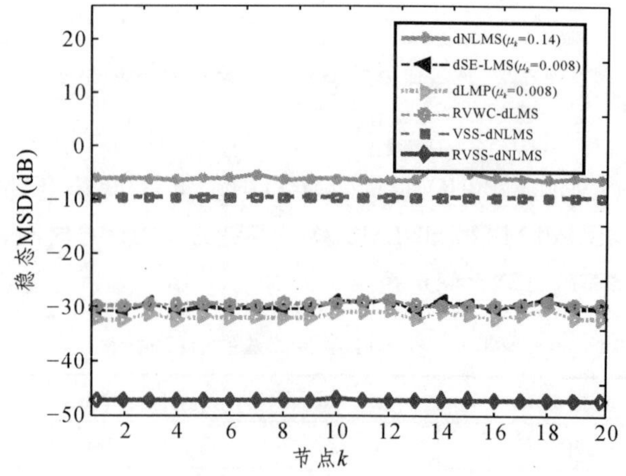

图 4-14　Alpha 稳定噪声环境下各算法在不同节点上的稳态 MSD

4.4 本章小结

基于增量型和扩散型策略，本章通过将改进 Huber 函数引入 INLMS 和 dNLMS 算法的代价函数中，推导出两种鲁棒分布式算法。基于增量型和扩散型策略，分别提出了一种递归调整截止参数的方法，进一步确保了算法对冲击噪声的鲁棒性。另外，由于两种新分布式算法可分别解释为一种变步长 INLMS 算法和一种变步长 dNLMS 算法，所以它们具有快的收敛速度和低的稳态误差。为了弥补两种新算法丢失的跟踪能力，分别提出了一种用于重置截止参数的非平稳控制方法。对两种鲁棒分布式算法的收敛性和稳态行为进行了理论分析。在冲击噪声和高斯噪声环境下的计算机仿真都证实了两种鲁棒分布式算法的优越性。

第 5 章　鲁棒分布式 RLS 算法

5.1 引　言

第 4 章提出的鲁棒分布式 NLMS 自适应算法具有出色的抗冲击噪声能力，但当节点的输入信号具有高度相关性时，上述算法的收敛速度会减慢。相比之下，dRLS 算法对输入信号具有解相关能力，因而有较快的收敛速度。然而，当节点受到冲击噪声干扰时，dRLS 算法的性能也将严重恶化。此外，dRLS 算法具有较高的计算复杂度，尤其是当待估参数向量维度较高时。并且该类算法容易在有限精度下出现由舍入误差累积所导致的数值不稳定。为了克服这些问题，Arablouei 等通过应用 DCD 算法来近似求解 dRLS 算法中的正态方程，提出了 DCD-dRLS 算法[84]。由于 DCD 算法只涉及移位和加法运算，没有乘法运算，所以 DCD-dRLS 算法极大地降低了 dRLS 算法的计算复杂度且仍能保持较好的性能。同样地，在冲击噪声环境下，DCD-dRLS 算法也面临着性能恶化的风险。因此，为了能在冲击噪声环境中有好的估计性能，本章提出将 dRLS 算法的更新增量的能量约束在一个边界参数之内，并推导出一种鲁棒的 dRLS（robust dRLS，R-dRLS）算法。为配合该约束条件的使用，边界参数在算法的收敛过程中应具有递减的时变特征，进一步结合扩散型合作策略提出了一种递归调整边界参数方法。为了赋予 R-dRLS 算法较好的跟踪能力，设计了一种基于扩散合作策略的控制方法。考虑到冲击噪声存在的情况，研究了 R-dRLS 算法的均方稳态性能。最后，通过扩展 DCD 方法到 R-dRLS 算法中，降低了算法的计算复杂度。

本小节将要介绍的鲁棒增量型变步长 NLMS 算法来自编者发表在 *IEEE Transactions on Signal Processing* 上的文章 *Robust distributed diffusion recursive least squares algorithms with side information for adaptive networks*[85]。

5.2 算法设计

5.2.1 扩散型 RLS 算法回顾

为了估计参数向量 $\boldsymbol{w}_o$，定义如下全局指数加权最小二乘估计问题：

$$\boldsymbol{w}(i)=\arg\min_{\boldsymbol{w}}\left\{\lambda^{i+1}\delta\|\boldsymbol{w}\|_2^2+\sum_{j=0}^{i}\lambda^{i-j}\sum_{k=1}^{N}(d_k(j)-\boldsymbol{u}_k^{\mathrm{T}}(j)\boldsymbol{w})^2\right\} \tag{5-1}$$

式中，$\delta(\delta>0)$ 是正则化参数，λ（$0<<\lambda<1$）是遗忘因子。通过采用扩散型合作策略求解式（5-1），文献[86]提出了 dRLS 算法。然而，由于式（5-1）并没有区分并限制被冲击噪声干扰的期望信

号 $d_k(j), j\in[0, i]$，所以 dRLS 算法对冲击噪声十分敏感。为了提高 dRLS 算法对冲击噪声的鲁棒性，本章提出了一种鲁棒 dRLS（R-dRLS）算法。为了便于推导出该 R-dRLS 算法，首先从另一个角度重新推导 dRLS 算法。事实上，从该角度推导得到的 dRLS 算法是文献[86]所提 dRLS 算法的一个简化版本。

在时刻 i 的自适应步骤中，每个节点 k 通过最小化局部代价函数 $J_k(\boldsymbol{\psi}_k(i))$ 得到关于 $\boldsymbol{w}_o$ 的一个中间估计值 $\boldsymbol{\psi}_k(i)$，即

$$\min_{\boldsymbol{\psi}_k(i)} J_k(\boldsymbol{\psi}_k(i)) = \|\boldsymbol{\psi}_k(i)-\boldsymbol{w}_k(i-1)\|^2_{\mathbf{Q}_k(i)} + (d_k(i)-\boldsymbol{u}_k^{\mathrm{T}}(i)\boldsymbol{\psi}_k(i))^2 \tag{5-2}$$

其中

$$\boldsymbol{Q}_k(i)=\boldsymbol{\Phi}_k(i)-\boldsymbol{u}_k(i)\boldsymbol{u}_k^{\mathrm{T}}(i)$$

$$\boldsymbol{\Phi}_k(i)\triangleq\lambda^{i+1}\delta\boldsymbol{I}_M+\sum_{j=0}^{i}\lambda^{i-j}\boldsymbol{u}_k(j)\boldsymbol{u}_k^{\mathrm{T}}(j)=\lambda\boldsymbol{\Phi}_k(i-1)+\boldsymbol{u}_k(i)\boldsymbol{u}_k^{\mathrm{T}}(i) \tag{5-3}$$

式中，$\boldsymbol{\Phi}_k(i)$ 表示节点 k 的输入向量的时平均自相关矩阵，$\boldsymbol{w}_k(i-1)$ 是节点 k 在 i-1 时刻对 $\boldsymbol{w}_o$ 的估计。式（5-2）中的加权 L_2-范数 $\|\boldsymbol{x}\|^2_{\boldsymbol{Q}_k(i)}\triangleq\boldsymbol{x}^{\mathrm{T}}\boldsymbol{Q}_k(i)\boldsymbol{x}$ 定义了向量 $\boldsymbol{\psi}_k(i)$ 和 $\boldsymbol{w}_k(i-1)$ 之间的黎曼距离，其中，$\boldsymbol{Q}_k(i)$ 表示一种黎曼度量张量，它意味着沿着 M 维空间上的距离是不均匀的[87]。

求 $J_k(\boldsymbol{\psi}_k(i))$ 相对于 $\boldsymbol{\psi}_k(i)$ 的偏导数，令其等于零，可以得到

$$\boldsymbol{\psi}_k(i)=\boldsymbol{w}_k(i-1)+\boldsymbol{\Phi}_k^{-1}(i)\boldsymbol{u}_k(i)e_k(i) \tag{5-4}$$

其中

$$e_k(i)=d_k(i)-\boldsymbol{u}_k^{\mathrm{T}}(i)\boldsymbol{w}_k(i-1) \tag{5-5}$$

式中，$e_k(i)$ 表示节点 k 的输出误差。

利用矩阵求逆引理[37]，将 $\boldsymbol{\Phi}_k^{-1}(i)$ 改写为

$$\begin{aligned}\boldsymbol{P}_k(i)&\triangleq\boldsymbol{\Phi}_k^{-1}(i)\\&=\frac{1}{\lambda}\left(\boldsymbol{P}_k(i-1)-\frac{\boldsymbol{P}_k(i-1)\boldsymbol{u}_k(i)\boldsymbol{u}_k^{\mathrm{T}}(i)\boldsymbol{P}_k(i-1)}{\lambda+\boldsymbol{u}_k^{\mathrm{T}}(i)\boldsymbol{P}_k(i-1)\boldsymbol{u}_k(i)}\right)\end{aligned} \tag{5-6}$$

式中，$\boldsymbol{P}_k(i)$ 的初始值为 $\boldsymbol{P}_k(0)=\delta^{-1}\boldsymbol{I}_M$。

在组合步骤中，每个节点 k 通过线性组合邻居节点的中间估计值 $\{\boldsymbol{\psi}_m(i), m\in\mathcal{N}_k\}$ 产生一个新的估计值 $\boldsymbol{w}_k(i)$，即

$$\boldsymbol{w}_k(i)=\sum_{m\in\mathcal{N}_k}c_{m,k}\boldsymbol{\psi}_m(i) \tag{5-7}$$

式中，加权系数 $c_{m,k}$ 表示节点 k 分配给邻居节点 m 的中间估计值的权重。另外，加权系数 $c_{m,k}$ 是非负的且满足如下条件：

$$\text{若 } m\notin\mathcal{N}_k\text{，则 } c_{m,k}=0\text{；}\quad\sum_{m\in\mathcal{N}_k}c_{m,k}=1 \tag{5-8}$$

从式（5-4）中可以知道，若 $\boldsymbol{w}_k(i-1)$ 能由 $\boldsymbol{w}_k(i-1)=\boldsymbol{\Phi}_k^{-1}(i-1)\boldsymbol{z}_k(i-1)$ 表示，其中，$\boldsymbol{z}_k(i)=\lambda\boldsymbol{z}_k(i-1)+\boldsymbol{u}_k(i)d_k(i)$，则每个节点 k 执行一个标准的 RLS 更新。因此，联合式（5-4）至（5-7）能够完整地表示 dRLS 算法。另外，dRLS 算法更新公式（5-4）中的 $\boldsymbol{\Phi}_k^{-1}(i)\boldsymbol{u}_k(i)$，提供对输入信号的解相关机制，从而能实现在强相关输入下的快收敛速度。

5.2.2 鲁棒性能设计

式（5-4）存在的问题是：在时刻 i，若冲击噪声出现，由于其大幅值表现在输出误差 $e_k(i)$ 中，以至于更新增量 $\boldsymbol{\Phi}_k^{-1}(i)\boldsymbol{u}_k(i)e_k(i)$ 的幅值较大，从而恶化了 dRLS 算法的性能。为了获得对冲击噪声的鲁棒性，对式（5-2）提出下面的约束条件：

$$\|\boldsymbol{\psi}_k(i)-\boldsymbol{w}_k(i-1)\|_2^2\leqslant\xi_k(i-1) \tag{5-9}$$

式中，$\xi_k(i-1)>0$ 是节点 k 的约束边界参数。而且，边界参数 $\xi_k(i)$ 应随着迭代的进行逐渐减小。该约束条件表示，无论噪声的类型（可能是冲击噪声），对于节点 k，从估计 $\boldsymbol{w}_k(i-1)$ 更新到中间估计 $\boldsymbol{\psi}_k(i)$ 的增量的能量总是不超过 $\xi_k(i-1)$，以确保算法的鲁棒性。

若式（5-4）满足约束条件（5-9），即

$$\|\boldsymbol{g}_k(i)\|_2|e_k(i)|\leqslant\sqrt{\xi_k(i-1)} \tag{5-10}$$

式中，$\boldsymbol{g}_k(i)\triangleq\boldsymbol{P}_k(i)\boldsymbol{u}_k(i)$ 表示卡尔曼增益向量。式（5-4）是约束条件（5-10）的最小化问题的解。

若式（5-4）不满足约束条件（5-9）（例如当冲击噪声出现时），即

$$\|\boldsymbol{g}_k(i)\|_2|e_k(i)|>\sqrt{\xi_k(i-1)}$$

则本章利用式（5-9）中的等号场景，提出缩小式（5-4）的更新增量能量，即

$$\boldsymbol{\psi}_k(i)=\boldsymbol{w}_k(i-1)+\sqrt{\xi_k(i-1)}\frac{\boldsymbol{g}_k(i)}{\|\boldsymbol{g}_k(i)\|_2}\mathrm{sign}(e_k(i)) \tag{5-11}$$

因此，联合式（5-4）、（5-10）和（5-11），整理得到节点 k 的自适应更新公式如下：

$$\boldsymbol{\psi}_k(i)=\boldsymbol{w}_k(i)+\min\left\{\frac{\sqrt{\xi_k(i-1)}}{\|\boldsymbol{g}_k(i)\|_2|e_k(i)|},1\right\}\boldsymbol{g}_k(i)e_k(i) \tag{5-12}$$

由于边界参数 $\xi_k(i)$ 影响算法对冲击噪声的鲁棒性以及算法的动态行为，所以合理设计边界参数的值是非常重要的。受扩散型合作策略和单节点情况的启发，提出一种递归调整边界参数 $\xi_k(i)$ 的方式：

$$\begin{aligned}\zeta_k(i)&=\beta\xi_k(i-1)+(1-\beta)\|\boldsymbol{\psi}_k(i)-\boldsymbol{w}_k(i-1)\|_2^2\\&=\beta\xi_k(i-1)+(1-\beta)\min\{\|\boldsymbol{g}_k(i)\|_2^2e_k^2(i),\ \xi_k(i-1)\}\end{aligned} \tag{5-13a}$$

$$\xi_k(i)=\sum_{m\in\mathcal{N}_k}c_{m,k}\zeta_m(i) \tag{5-13b}$$

式中，β 是记忆因子，且 $0<\beta<1$；$\xi_k(i)$ 的初始化值选择为 $\xi_k(0)=E_c\sigma_{d,k}^2/M\sigma_{u,k}^2$，其中，$E_c$ 是一个正常数，$\sigma_{d,k}^2$ 和 $\sigma_{u,k}^2$ 分别表示 $d_k(i)$ 和 $u_k(i)$ 的功率。为了方便起见，将 R-dRLS 算法的伪代码总结在表 5-1 中。

表 5-1　R-dRLS 算法的伪代码

初始化	$\boldsymbol{w}_k(0)=\boldsymbol{0}$，$\boldsymbol{P}_k(0)=\delta^{-1}\boldsymbol{I}_M$，$\xi_k(0)=E_c\sigma_{d,k}^2/M\sigma_{u,k}^2$
算法参数	$0<\beta\prec 1$，$0<\lambda\prec 1$，δ，E_c
算法实现	$e_k(i)=d_k(i)-\boldsymbol{u}_k^{\mathrm{T}}(i)\boldsymbol{w}_k(i-1)$ $\boldsymbol{P}_k(i)=\dfrac{1}{\lambda}\left(\boldsymbol{P}_k(i-1)-\dfrac{\boldsymbol{P}_k(i-1)\boldsymbol{u}_k(i)\boldsymbol{u}_k^{\mathrm{T}}(i)\boldsymbol{P}_k(i-1)}{\lambda+\boldsymbol{u}_k^{\mathrm{T}}(i)\boldsymbol{P}_k(i-1)\boldsymbol{u}_k(i)}\right)$ $\boldsymbol{g}_k(i)=\boldsymbol{P}_k(i)\boldsymbol{u}_k(i)$ $\boldsymbol{\psi}_k(i)=\boldsymbol{w}_k(i)+\min\left\{\dfrac{\sqrt{\xi_k(i-1)}}{\Vert\boldsymbol{g}_k(i)\Vert_2\vert e_k(i)\vert},\ 1\right\}\boldsymbol{g}_k(i)e_k(i)$ $\boldsymbol{w}_k(i)=\sum_{m\in\mathcal{N}_k}c_{m,k}\boldsymbol{\psi}_m(i)$ $\zeta_k(i)=\beta\xi_k(i-1)+(1-\beta)\min\{\Vert\boldsymbol{g}_k(i)\Vert_2^2 e_k^2(i),\ \xi_k(i-1)\}$ $\xi_k(i)=\sum_{m\in\mathcal{N}_k}c_{m,k}\zeta_m(i)$

讨论 1：从式（5-12）中可知，R-dRLS 算法的工作模式如下：在时刻 i，若 $\Vert\boldsymbol{g}_k(i)\Vert_2^2 e_k^2(i)\leqslant\xi_k(i-1)$，执行 dRLS 算法更新；否则，dRLS 算法的更新增量被规范化到一个 $\xi_k(i-1)$ 值的能量。在自适应过程的早期阶段，$\xi_k(i-1)$ 的值较大并有 $\xi_k(i-1)>\Vert\boldsymbol{g}_k(i)\Vert_2^2 e_k^2(i)$，以致 R-dRLS 算法表现为 dRLS 算法，以获得较快的收敛速度。无论何时出现冲击噪声，由于其大的误差幅值使得 R-dRLS 算法变为有“步长”收缩因子的 dRLS 算法更新，而此时由 $\sqrt{\xi_k(i-1)}/(\Vert\boldsymbol{g}_k(i)\Vert_2\vert e_k(i)\vert)$ 表示的收缩因子的值是非常小的。已有研究证明，通过将更新增量项乘以一个非常小的正数也能够抑制大幅度冲击噪声带来的负面影响，这也间接说明了 R-dRLS 算法对冲击噪声有好的鲁棒性。此外，$\xi_k(i)$ 关于迭代 i 的递减特性进一步确保了该算法的鲁棒性。简言之，通过引入一个在 1 和 $\sqrt{\xi_k(i-1)}/(\Vert\boldsymbol{g}_k(i)\Vert_2\vert e_k(i)\vert)$ 之间自动变化的“步长”收缩因子，提出的 R-dRLS 算法改善了 dRLS 算法的性能。

5.2.3　跟踪性能设计

由于边界参数 $\xi_k(i)$ 的递减特性，提出的 R-dRLS 算法对冲击噪声更具鲁棒性，但这也使得该算法丢失了对感兴趣参数 $\boldsymbol{w}_o$ 变化的跟踪能力。为此，基于扩散型合作策略，设计了一种非平稳控制方法，记为 DNC 方法，并总结在表 5-2 中。

该方法包括两个实现步骤：

首先，对于每个节点 k，每隔 V_t 次迭代计算一次变量 $\Delta_k(i)$，用于判断参数向量 $\boldsymbol{w}_o$ 是否发生了改变。在这个步骤中，

$$\boldsymbol{a}_k^{\mathrm{T}}(i)=\mathcal{R}\left(\left(\frac{e_k^2(i)}{\|\boldsymbol{u}_k(i)\|_2^2},\frac{e_k^2(i-1)}{\|\boldsymbol{u}_k(i-1)\|_2^2},\cdots,\frac{e_k^2(i-V_t+1)}{\|\boldsymbol{u}_k(i-V_t+1)\|_2^2}\right)\right)$$

式中，$\mathcal{R}(\cdot)$ 表示对它的元素进行升序排列，$\boldsymbol{o}=[1,\cdots,1,0,\cdots,0]^{\mathrm{T}}$ 是一个列向量且它最前面 V_t-V_d 个元素值为 1，V_d 也是一个正整数且 $V_d<V_t$。因此，乘积 $\boldsymbol{a}_k^{\mathrm{T}}(i)\boldsymbol{o}$ 能够移除异常值（例如冲击噪声样本）对变量 $\Delta_k(i)$ 的不良影响。而且，为了获得平滑的 $\Delta_k(i)$，在计算 $\Delta_k(i)$ 之前，采用指数窗加权对 $\boldsymbol{a}_k^{\mathrm{T}}(i)\boldsymbol{o}$ 进行平滑运算，即

$$\sigma_{e,k}^2\leftarrow\tau\sigma_{e,k}^2+(1-\tau)\boldsymbol{a}_k^{\mathrm{T}}(i)\boldsymbol{o} \tag{5-14}$$

式中，τ 表示指数加权因子且 $0<\tau\prec 1$。典型地，对于参数 V_t 和 V_d，好的选择是 $V_t=\varrho M$，$\varrho=1\sim3$，$V_d=0.75V_t$。若冲击噪声发生概率较大，则 V_t-V_d 的值应该被适当减小，从而让乘积 $\boldsymbol{a}_k^{\mathrm{T}}(i)\boldsymbol{o}$ 尽可能地抛弃冲击噪声样本。

其次，若 $\Delta_k(i)>t_{\mathrm{th}}$，它表示参数向量 $\boldsymbol{w}_o$ 发生了改变，则需要重置 $\xi_k(i)$ 的值为 $\xi_k(0)$，其中，t_{th} 是一个预定义阈值。同时，$\boldsymbol{P}_k(i)$ 也被重置为 $\boldsymbol{P}_k(0)$。通常，参数 γ，N_w，ϱ 和 t_{th} 之间并不相互影响，从而能很容易地设置它们的值。

表 5-2　提出的 DNC 方法

初始化	$\Theta_{\mathrm{old},k}=\Theta_{\mathrm{new},k}=0$，$\sigma_{e,k}^2=0$，$V_t=\varrho M$，$V_d=0.75V_t$
参数	ϱ，τ，t_{th}
算法实现	Step 1：计算 $\Delta_k(i)$ if $i=nV_t,n=0,1,2,\cdots$ $\boldsymbol{a}_k^{\mathrm{T}}(i)=\mathcal{R}\left(\left(\frac{e_k^2(i)}{\|\boldsymbol{u}_k(i)\|_2^2},\frac{e_k^2(i-1)}{\|\boldsymbol{u}_k(i-1)\|_2^2},\cdots,\frac{e_k^2(i-V_t+1)}{\|\boldsymbol{u}_k(i-V_t+1)\|_2^2}\right)\right)$ $\sigma_{e,k}^2\leftarrow\tau\sigma_{e,k}^2+(1-\tau)\mathbf{a}_k^{\mathrm{T}}(i)\boldsymbol{o}$ $\Theta_{\mathrm{new},k}=\frac{1}{V_t-V_d}\sum_{m\in\mathcal{N}_k}c_{m,k}\sigma_{e,m}^2$ $\Delta_k(i)=\frac{\Theta_{\mathrm{new},k}-\Theta_{\mathrm{old},k}}{\xi_k(i-1)}$ end Step 2：重置 $\xi_k(i)$

续表

	if $\Delta_k(i) > t_{\text{th}}$ $\quad \zeta_k(i) = \xi_k(0)$， $\boldsymbol{P}_k(i) = \boldsymbol{P}_k(0)$ else if $\Theta_{\text{new},k} > \Theta_{\text{old},k}$ $\quad \zeta_k(i) = \xi_k(i-1) + (\Theta_{\text{new},k} - \Theta_{\text{old},k})$ else $\quad \zeta_k(i) = \beta\xi_k(i-1) + (1-\beta)\min\{\Vert\boldsymbol{g}_k(i)\Vert_2^2 e_k^2(i),\ \xi_k(i-1)\}$ end $\Theta_{\text{old},k} = \Theta_{\text{new},k}$ $\xi_k(i) = \sum_{m\in\mathcal{N}_k} c_{m,k}\zeta_m(i)$

5.3　均方稳态性能分析

考虑到冲击噪声的存在，本节将分析 R-dRLS 算法的均方稳态性能。假设参数向量 $\boldsymbol{w}$ 是时不变的，分别定义在节点 k 的估计偏差向量和中间估计偏差向量为

$$\begin{aligned}\tilde{\boldsymbol{w}}_k(i) &\triangleq \boldsymbol{w}^o - \boldsymbol{w}_k(i)\\ \tilde{\boldsymbol{\psi}}_k(i) &\triangleq \boldsymbol{w}^o - \boldsymbol{\psi}_k(i)\end{aligned} \tag{5-15}$$

利用式（5-13a）、（5-13b）和式（5-15），将式（5-12）和式（5-7）改写为

$$\tilde{\boldsymbol{\psi}}_k(i) = \tilde{\boldsymbol{w}}_k(i-1) - \sqrt{\frac{\zeta_k(i)-\beta\xi_k(i-1)}{1-\beta}}\frac{\boldsymbol{g}_k(i)}{\Vert\boldsymbol{g}_k(i)\Vert_2}\text{sign}(e_k(i)) \tag{5-16a}$$

$$\tilde{\boldsymbol{w}}_k(i) = \sum_{m\in\mathcal{N}_k} c_{m,k}\tilde{\boldsymbol{\psi}}_k(i) \tag{5-16b}$$

求式（5-16a）的两边平方 L_2-范数并求其期望，可以得到

$$\begin{aligned}E(\Vert\tilde{\boldsymbol{\psi}}_k(i)\Vert_2^2) = {} & E(\Vert\tilde{\boldsymbol{w}}_k(i-1)\Vert_2^2) - \\ & 2E\left(\sqrt{\frac{\zeta_k(i)-\beta\xi_k(i-1)}{1-\beta}}\frac{\tilde{\boldsymbol{w}}_k^{\mathrm{T}}(i-1)\boldsymbol{g}_k(i)}{\Vert\boldsymbol{g}_k(i)\Vert_2}\text{sign}(e_k(i))\right) + \\ & \frac{E(\zeta_k(i))-\beta E(\xi_k(i-1))}{1-\beta}\end{aligned} \tag{5-17}$$

同样地，处理式（5-16b），并利用 Jensen 不等式[77]，得到下面的式子：

$$E(\|\tilde{\boldsymbol{w}}_k(i)\|_2^2) \leqslant \sum_{m\in\mathcal{N}_k} c_{m,k} E(\|\tilde{\boldsymbol{\psi}}_m(i)\|_2^2) \tag{5-18}$$

典型地，β 通常接近于 1，以至于通过式（5-13a）和式（5-13b）计算得到的 $\zeta_k(i)$ 和 $\xi_k(i)$ 的变化是比较缓慢的。因此，假设 $\zeta_k(i)$ 和 $\xi_k(i)$ 的方差是足够小的，即 $\zeta_k(i)-E(\zeta_k(i))\approx 0$ 和 $\xi_k(i)-E(\xi_k(i))\approx 0$。类似的假设也在其他自适应滤波算法和分布式自适应算法的性能分析中得到证实[67]。基于此假设，能够产生下面的关系式：

$$E\left(\sqrt{\frac{\zeta_k(i)-\beta\xi_k(i-1)}{1-\beta}}\frac{\tilde{\boldsymbol{w}}_k^{\mathrm{T}}(i-1)\boldsymbol{g}_k(i)}{\|\boldsymbol{g}_k(i)\|_2}\operatorname{sign}(e_k(i))\right)$$

$$\approx\sqrt{\frac{E(\zeta_k(i))-\beta E(\xi_k(i-1))}{1-\beta}}E\left(\frac{\tilde{\boldsymbol{w}}_k^{\mathrm{T}}(i-1)\boldsymbol{g}_k(i)}{\|\boldsymbol{g}_k(i)\|_2}\operatorname{sign}(e_k(i))\right) \tag{5-19}$$

将式（5-19）代入式（5-17），得

$$E(\|\tilde{\boldsymbol{\psi}}_k(i)\|_2^2) = E(\|\tilde{\boldsymbol{w}}_k(i-1)\|_2^2) -$$

$$2\sqrt{\frac{E(\zeta_k(i))-\beta E(\xi_k(i-1))}{1-\beta}}\underbrace{E\left(\frac{\tilde{\boldsymbol{w}}_k^{\mathrm{T}}(i-1)\boldsymbol{g}_k(i)}{\|\boldsymbol{g}_k(i)\|_2}\operatorname{sign}(e_k(i))\right)}_{(\mathrm{a})}+$$

$$\frac{E(\zeta_k(i))-\beta E(\xi_k(i-1))}{1-\beta} \tag{5-20}$$

为了便于处理式（5-20）中的第（a）项，下面的假设是必要的。

假设 1：在节点 k，输入向量 $\boldsymbol{u}_k(i)$ 中的元素服从零均值白色高斯分布，且自相关矩阵为 $\boldsymbol{R}_k = E(\boldsymbol{u}_k(i)\boldsymbol{u}_k^{\mathrm{T}}(i))$。不同节点的 $\boldsymbol{u}_k(i)$ 是相互独立的。

假设 2：对所有的 k，m 和 $j\leqslant i$，$\boldsymbol{u}_k(i)$ 与 $\boldsymbol{w}_m(j)$ 是相互独立的，即常用的独立性假设[19]。

假设 3：存在一个迭代次数 i_0，使得当 $i>i_0$ 时，节点 k 的时间平均自相关矩阵 $\boldsymbol{\Phi}_k(i)$ 能够用它的期望值 $E(\boldsymbol{\Phi}_k(i))$ 来替换。这是一个各态历经假设，得益于 $0<\lambda\prec 1$。

因此，从式（5-3）中可导出

$$\lim_{i\to\infty} E(\boldsymbol{\Phi}_k(i)) = \frac{\boldsymbol{R}_k}{1-\lambda} \triangleq \overline{\boldsymbol{\Phi}}_k \tag{5-21}$$

同样地，对于足够多的迭代次数，能够利用 $\overline{\boldsymbol{\Phi}}_k^{-1} \triangleq \lim_{i\to\infty} E(\boldsymbol{\Phi}_k^{-1}(i))$ 替换 $\boldsymbol{\Phi}_k^{-1}(i)$。该假设在 RLS 类型算法的性能分析中被频繁使用[37]。

根据假设 3，将式（5-20）中的第（a）项改写为

$$E\left(\frac{\tilde{\boldsymbol{w}}_k^{\mathrm{T}}(i-1)\boldsymbol{g}_k(i)}{\|\boldsymbol{g}_k(i)\|_2}\mathrm{sign}(e_k(i))\right)\approx E\left(\frac{\tilde{\boldsymbol{w}}_k^{\mathrm{T}}(i-1)\overline{\boldsymbol{\Phi}}_k^{-1}\boldsymbol{u}_{k,i}}{\sqrt{\boldsymbol{u}_k^{\mathrm{T}}(i)\overline{\boldsymbol{\Phi}}_k^{-2}\boldsymbol{u}_k(i)}}\mathrm{sign}(e_k(i))\right)$$
$$=E\left(\frac{\tilde{\boldsymbol{w}}_k^{\mathrm{T}}(i-1)\boldsymbol{R}_k^{-1}\boldsymbol{u}_k(i)}{\sqrt{\boldsymbol{u}_k^{\mathrm{T}}(i)\boldsymbol{R}_k^{-2}\boldsymbol{u}_k(i)}}\mathrm{sign}(e_k(i))\right) \tag{5-22}$$

假设参数向量 $\boldsymbol{w}_o$ 的维数比较大，即 $M>>1$，并利用假设 2，可获得下面的近似：

$$E\left(\frac{\tilde{\boldsymbol{w}}_k^{\mathrm{T}}(i-1)\boldsymbol{R}_k^{-1}\boldsymbol{u}_k(i)}{\sqrt{\boldsymbol{u}_k^{\mathrm{T}}(i)\boldsymbol{R}_k^{-2}\boldsymbol{u}_k(i)}}\mathrm{sign}(e_k(i))\right)\approx\chi_k E(e_{a,k}^{\boldsymbol{R}_k^{-1}}(i)\mathrm{sign}(e_{a,k}(i)+v_k(i))) \tag{5-23}$$

其中

$$e_{a,k}(i)\triangleq\tilde{\boldsymbol{w}}_k^{\mathrm{T}}(i-1)\boldsymbol{u}_k(i)$$
$$e_{a,k}^{\boldsymbol{R}_k^{-1}}(i)\triangleq\tilde{\boldsymbol{w}}_k^{\mathrm{T}}(i-1)\boldsymbol{R}_k^{-1}\boldsymbol{u}_k(i)$$
$$\chi_k=E\left(\frac{1}{\sqrt{\boldsymbol{u}_k^{\mathrm{T}}(i)\boldsymbol{R}_k^{-2}\boldsymbol{u}_k(i)}}\right) \tag{5-24}$$

为了继续展开算法的性能分析，还需要下面的假设。

假设 4：在节点 k，背景噪声 $\theta_k(i)$ 是一个均值为零、方差为 $\sigma_{\theta,k}^2$ 的白色高斯过程。

假设 5：CG 噪声模型中的冲击噪声 $\eta_k(i)$ 部分由 BG 过程产生，定义为 $\eta_k(i)=b_k(i)\cdot g_k(i)$，其中，$b_k(i)$ 是一个伯努利过程，且它的概率分布是 $P(b_k(i)=1)=P_{r,k}$ 和 $P(b_k(i)=0)=1-P_{r,k}$；$g_k(i)$ 是一个零均值、方差为 $\sigma_{g,k}^2$ 的白色高斯过程，且 $\sigma_{g,k}^2>>\sigma_{\theta,k}^2$。

根据假设 4 和假设 5 可以得知，$v_k(i)$ 的均值为零，方差为 $\sigma_{v,k}^2=P_{r,k}\sigma_{s,k}^2+(1-P_{r,k})\sigma_{\theta,k}^2$，其中 $\sigma_{s,k}^2=\sigma_{g,k}^2+\sigma_{\theta,k}^2$。在分析冲击噪声环境下的自适应算法的统计性能时，常常使用 CG 过程来建模冲击噪声，这是由于采用该模型不影响算法的理论性能分析。

此外，根据文献[81]可知，当 $M>>1$ 时，基于中心极限定理，$e_{a,k}(i)$ 和 $e_{a,k}^{\boldsymbol{\Sigma}}(i)$ 近似服从零均值高斯分布，其中，$\boldsymbol{\Sigma}$ 表示任意正定矩阵。

得益于这些假设，引入下面的引理。

引理 1：e_a 和 u 是零均值的联合高斯随机变量。令 $e=e_a+v$，其中，v 是零均值 CG 随机变量，方差为 $\sigma_v^2=P_r\sigma_s^2+(1-P_r)\sigma_\theta^2$，变量 v 分别独立于变量 e_a 和 u。如果 $e_1=e_a+\omega_1$ 和 $e_2=e_a+\omega_2$，其中，ω_1 和 ω_2 是零均值的高斯随机变量且方差分别为 $\sigma_{\omega_1}^2=\sigma_s^2$ 和 $\sigma_{\omega_2}^2=\sigma_\theta^2$，且它们独立于 e_a 和 u，则有如下关系：

$$E(\mathrm{sign}(e)u)=P_rE(\mathrm{sign}(e_1)u)+(1-P_r)E(\mathrm{sign}(e_2)u)$$

并且，该引理常用于符号类型算法的性能分析中[79] [80]。

应用 Price 定理[82]、引理 1 和假设 2，可建立下面的等式：

$$E(e_{a,k}^{\boldsymbol{R}_k^{-1}}(i)\mathrm{sign}(e_{a,k}(i)+v_k(i))|\tilde{\boldsymbol{w}}_k(i-1))=\varpi_kE(e_{a,k}^{\boldsymbol{R}_k^{-1}}(i)e_{a,k}(i)\tilde{\boldsymbol{w}}_k(i-1)) \tag{5-25}$$

其中

$$\varpi_k = \sqrt{\frac{2}{\pi}}\left(\frac{P_{r,k}}{\sqrt{E(e_{a,k}^2(i)) + \sigma_{s,k}^2}} + \frac{1-P_{r,k}}{\sqrt{E(e_{a,k}^2(i)) + \sigma_{\theta,k}^2}}\right) \neq 0 \tag{5-26}$$

在假设 1 和假设 2 的条件下，利用式（5-25），将式（5-23）的右边项改写为

$$\begin{aligned} E(e_{a,k}^{R_k^{-1}}(i)\mathrm{sign}(e_{a,k}(i)+v_k(i))) &= E(E(e_{a,k}^{R_k^{-1}}(i)\mathrm{sign}(e_{a,k}(i)+v_k(i)) \,|\, \tilde{\boldsymbol{w}}_k(i-1))) \\ &= \varpi_k E(e_{a,k}^{R_k^{-1}}(i) e_{a,k}(i)) \\ &= E(\|\tilde{\boldsymbol{w}}_k(i-1)\|_2^2) \end{aligned} \tag{5-27}$$

将式（5-23）、（5-27）代入式（5-20），并重新排列如下：

$$\begin{aligned} E(\|\tilde{\boldsymbol{\psi}}_k(i)\|_2^2) = E(\|\tilde{\boldsymbol{w}}_k(i-1)\|_2^2) - \\ 2\chi_k\varpi_k\sqrt{\frac{E(\zeta_k(i)) - \beta E(\xi_k(i-1))}{1-\beta}} E(\|\tilde{\boldsymbol{w}}_k(i-1)\|_2^2) + \\ \frac{E(\zeta_k(i)) - \beta E(\xi_k(i-1))}{1-\beta} \end{aligned} \tag{5-28}$$

接下来，引入下列网络全局向量：

$$\begin{aligned} \mathcal{X}(i) &\triangleq \mathrm{col}\{E(\|\tilde{\boldsymbol{\psi}}_1(i)\|_2^2), \cdots, E(\|\tilde{\boldsymbol{\psi}}_N(i)\|_2^2)\} \\ \mathcal{W}(i) &\triangleq \mathrm{col}\{E(\|\boldsymbol{w}_1(i)\|_2^2), \cdots, E(\|\boldsymbol{w}_N(i)\|_2^2)\} \end{aligned} \tag{5-29}$$

引入下列网络全局矩阵：

$$\begin{aligned} \mathcal{A} &\triangleq \mathrm{diag}\{\chi_1\varpi_1, \cdots, \chi_N\varpi_N\} \\ \mathcal{E}(i) &\triangleq \mathrm{diag}\left\{\frac{E(\zeta_1(i)) - \beta E(\xi_1(i-1))}{1-\beta}, \cdots, \frac{E(\zeta_N(i)) - \beta E(\xi_N(i-1))}{1-\beta}\right\} \end{aligned} \tag{5-30}$$

式中，矩阵 $\boldsymbol{C}$ 表示所有的加权系数 $\{c_{m,k}\}$，即 $c_{m,k}$ 为矩阵 $\boldsymbol{C}$ 的第 m 行第 k 列的元素。

根据式（5-29）和式（5-30）中的定义，我们能够将所有节点的关系式（5-18）和式（5-30）统一表示为

$$\begin{aligned} \mathcal{W}(i) &\leqslant \boldsymbol{C}^{\mathrm{T}}\mathcal{X}(i) \\ &= \boldsymbol{C}^{\mathrm{T}}(\mathcal{W}(i) - 2\mathcal{A}\sqrt{\mathcal{E}(i)}\mathcal{W}(i) + \mathcal{E}(i)\mathbf{1}) \end{aligned} \tag{5-31}$$

式中，$\mathbf{1}$ 表示元素为 1 的列向量。

求式（5-31）两边的无穷范数（标记为 $\|\cdot\|_\infty$），可得

$$\begin{aligned}\|\mathcal{W}(i)\|_\infty &\leqslant \left\|\boldsymbol{C}^{\mathrm{T}}(\mathcal{W}(i-1)-2\mathcal{A}\sqrt{\mathcal{E}(i)}\mathcal{W}(i-1)+\mathcal{E}(i)\mathbf{1})\right\|_\infty \\ &\leqslant \|\boldsymbol{C}^{\mathrm{T}}\|_\infty \left\|\mathcal{W}(i-1)-2\mathcal{A}\sqrt{\mathcal{E}(i)}\mathcal{W}(i-1)+\mathcal{E}(i)\mathbf{1}\right\|_\infty \\ &\overset{(\mathrm{b})}{=} \left\|\mathcal{W}(i-1)-2\mathcal{A}\sqrt{\mathcal{E}(i)}\mathcal{W}(i-1)+\mathcal{E}(i)\mathbf{1}\right\|_\infty \end{aligned} \tag{5-32}$$

式中，步骤（b）利用了一个事实 $\|\boldsymbol{C}^{\mathrm{T}}\|_\infty=1$，因为矩阵 $\boldsymbol{C}$ 每列的元素之和为 1。由于 $\mathcal{A}$ 和 $\mathcal{E}(i)$ 是对角矩阵且它们的元素都是正数，式（5-32）可等价地表示为

$$\begin{aligned}E(\|\tilde{\boldsymbol{w}}_k(i)\|_2^2) \leqslant\ & E(\|\tilde{\boldsymbol{w}}_k(i-1)\|_2^2) - \\ & 2\chi_k\varpi_k\sqrt{\frac{E(\zeta_k(i))-\beta E(\xi_k(i-1))}{1-\beta}}E(\|\tilde{\boldsymbol{w}}_k(i-1)\|_2^2) + \\ & \frac{E(\zeta_k(i))-\beta E(\xi_k(i-1))}{1-\beta},\quad k=1,\cdots,N \end{aligned} \tag{5-33}$$

若算法已经收敛到稳态，则有

$$E(\|\tilde{\boldsymbol{w}}_k(i)\|_2^2)=E(\|\tilde{\boldsymbol{w}}_k(i-1)\|_2^2),\quad i\to\infty$$

因此，可推导出

$$2\chi_k\varpi_k\lim_{i\to\infty}E(\|\tilde{\boldsymbol{w}}_k(i-1)\|_2^2)\leqslant\sqrt{\lim_{i\to\infty}\frac{E(\zeta_k(i))-\alpha E(\xi_k(i-1))}{1-\alpha}},\quad k=1,\cdots,N \tag{5-34}$$

由于在理想的情况下，$E(\zeta_k(i))$ 和 $E(\xi_k(i))$ 收敛于 0，其证明在式（5-35）之后。利用 $\chi_k\neq 0$ 和 $\varpi_k\neq 0$，式（5-34）能进一步简化为

$$E(\|\tilde{\boldsymbol{w}}_k(\infty)\|_2^2)\approx 0,\quad k=1,\cdots,N \tag{5-35}$$

式（5-35）揭示了即使在冲击噪声环境下，经过足够的迭代次数之后，R-dRLS 算法仍然能够获得好的稳态估计性能。

证明　$E(\zeta_k(i))\to 0$ 和 $E(\xi_k(i))\to 0$。

由于在算法的收敛过程中，$\xi_k(i)$ 是迭代时间 i 的减函数且总是正数，如式（5-13a）和（5-13b）所示，故当算法到达稳态时，$E(\xi_k(i))$ 的极限是存在的。

求式（5-13a）和式（5-13b）的期望运算，分别得到

$$E(\zeta_k(i))=\beta E(\xi_k(i-1))+(1-\beta)E(\min\{\|\boldsymbol{g}_k(i)\|_2^2 e_k^2(i),\ \xi_k(i-1)\}) \tag{5-36a}$$

$$E(\xi_k(i))=\sum_{m\in\mathcal{N}_k}c_{m,k}E(\zeta_m(i)) \tag{5-36b}$$

再次使用 $\xi_k(i)$ 的方差足够小的假设，可得到如下近似：

$$\begin{aligned}&E(\min\{\|\boldsymbol{g}_k(i)\|_2^2 e_k^2(i),\ \xi_k(i-1)\})\\&\approx \int_0^{E(\xi_k(i-1))} m_k \mathrm{d}F_{k,i}(m_k) + E(\xi_k(i-1))P_{k,i}(m_k > E(\xi_k(i-1)))\end{aligned} \tag{5-37}$$

式中，$m_k \doteq \|\boldsymbol{g}_k(i)\|_2^2 e_k^2(i)$ 表示 m_k 和 $\|\boldsymbol{g}_k(i)\|_2^2 e_k^2(i)$ 有着相同的分布，$P_{k,i}(\cdot)$ 表示事件的概率，$F_{k,i}(m_k)$ 表示 m_k 在时刻 i 的概率分布函数。

定义如下网络全局向量：

$$\begin{aligned}&\boldsymbol{\xi}(i) \triangleq \mathrm{col}\{\xi_1(i),\cdots,\xi_N(i)\}\\&\boldsymbol{\zeta}(i) \triangleq \mathrm{col}\{\zeta_1(i),\cdots,\zeta_N(i)\}\end{aligned} \tag{5-38}$$

利用式（5-37）和式（5-38）将所有节点的关系式（5-36a）和式（5-36b）统一表示为

$$E(\boldsymbol{\xi}(i)) = \boldsymbol{C}^{\mathrm{T}}[\beta E(\boldsymbol{\xi}(i-1)) + (1-\beta)(\boldsymbol{\Pi}(i)E(\boldsymbol{\xi}(i-1)) + \boldsymbol{m}(i))] \tag{5-39}$$

其中

$$\boldsymbol{\Pi}(i) = \mathrm{diag}\{P_{1,i}(m_1 > E(\xi_1(i-1))),\cdots,P_{N,i}(m_N > E(\xi_N(i-1)))\} \tag{5-40}$$

$$\boldsymbol{m}(i) = \mathrm{col}\left\{\int_0^{E(\xi_1(i-1))} m_1 \mathrm{d}F_{1,i}(m_1),\cdots,\int_0^{E(\xi_N(i-1))} m_N \mathrm{d}F_{N,i}(m_N)\right\} \tag{5-41}$$

求式（5-39）两边的无穷范数，再利用 $\|\boldsymbol{C}^{\mathrm{T}}\|_\infty = 1$，得到如下不等式：

$$\|E(\boldsymbol{\xi}(i))\|_\infty \leqslant \beta\|E(\boldsymbol{\xi}(i-1))\|_\infty + (1-\beta)\|\boldsymbol{\Pi}(i)E(\boldsymbol{\xi}(i-1)) + \boldsymbol{m}(i)\|_\infty \tag{5-42}$$

根据式（5-40）定义的对角矩阵，其元素都为正数，则式（5-42）能等价表示为

$$\begin{aligned}E(\xi_k(i)) \leqslant{}& \beta E(\xi_k(i-1)) + (1-\beta)E(\xi_k(i-1))P_{k,i}(m_k > E(\xi_k(i-1))) +\\&(1-\beta)\int_0^{E(\xi_k(i-1))} m_k \mathrm{d}F_{k,i}(m_k),\ k=1,\cdots,N\end{aligned} \tag{5-43}$$

假设在 $i \to \infty$ 时 $F_{k,i}(m_k)$ 有一个极限，则式（5-43）变为

$$E(\xi_k(\infty))P_{k,\infty}(m_k \leqslant E(\xi_k(\infty))) \leqslant \int_0^{E(\xi_k(\infty))} m_k \mathrm{d}F_{k,\infty}(m_k) \tag{5-44}$$

式（5-44）利用了一个稳态近似关系 $E(\xi_k(i)) = E(\xi_k(i-1))$，$i \to \infty$。

为了简单起见，这里首先考虑式（5-44）中的等号情况，即

$$E(\xi_k(\infty))P_{k,\infty}(m_k \leqslant E(\xi_k(\infty))) = \int_0^{E(\xi_k(\infty))} m_k \mathrm{d}F_{k,\infty}(m_k) \tag{5-45}$$

正如文献[66]中的附录 A 所述，对于形如（5-45）方程，它的解是 $E(\xi_k(\infty)) = 0$。

由于式（5-45）是式（5-44）的上界，由此可推断出：在节点 k，$E(\xi_k(i))$ 能近似地收敛于 0。同样地，中间量 $E(\zeta_k(i))$ 也能近似收敛于 0。

证毕。

5.4 基于 DCD 的鲁棒扩散型 RLS 算法

本小节回顾了 DCD-dRLS 算法，介绍了一种关于该算法的鲁棒版本，称为 DCD-R-dRLS 算法。

5.4.1 扩散型 RLS 算法回顾

对于 dRLS 算法，每个节点 k 在每次迭代 i 都需要一次 $M\times M$ 的矩阵逆运算，如式（5-4）中的 $\boldsymbol{\Phi}_k^{-1}(i)$。虽然实际中利用式（5-6）进行递归计算，但是如此操作仍然需要 $\mathcal{O}(M^2)$ 量级的加法和乘法运算。这个计算复杂度是很高的，尤其是当 M 很大时。为了降低计算复杂度，DCD-dRLS 算法的自适应步骤被表示为

$$\boldsymbol{\psi}_k(i)=\boldsymbol{w}_k(i-1)+\Delta\boldsymbol{w}_k(i) \tag{5-46}$$

其中，更新增量 $\Delta\boldsymbol{w}_k(i)$ 通过求解下面的方程得到：

$$\boldsymbol{\Phi}_k(i)\Delta\boldsymbol{w}_k(i)=\boldsymbol{b}_k(i) \tag{5-47}$$

式中，$\boldsymbol{\Phi}_k(i)$ 与式（5-3）相同，且

$$\boldsymbol{b}_k(i)=\lambda\boldsymbol{r}_k(i-1)+e_k(i)\boldsymbol{u}_k(i) \tag{5-48}$$

$\boldsymbol{r}_k(i-1)$ 表示节点 k 在时刻 $i-1$ 的残差向量，即

$$\boldsymbol{r}_k(i-1)=\boldsymbol{b}_k(i-1)-\boldsymbol{\Phi}_k(i-1)\Delta\hat{\boldsymbol{w}}_k(i-1) \tag{5-49}$$

DCD-dRLS 算法执行组合步骤，见式（5-7）。

表 5-3 给出了求解方程（5-47）以获得残差向量 $\boldsymbol{r}_k(i)$ 和解向量 $\Delta\hat{\boldsymbol{w}}_k(i)$ 的 DCD 方法，详细解释见文献[88]-[90]。

表 5-3　DCD 方法：解方程 $\boldsymbol{\Phi}_k(i)\Delta\boldsymbol{w}_k(i)=\boldsymbol{b}_k(i)$

初始化	$\Delta\hat{\boldsymbol{w}}_k(i)=0$，$\boldsymbol{r}_k(i)=\boldsymbol{b}_k(i)$，$f=1$ 和 $\mu=H/2$
参数	H，N_u 和 M_b
算法实现	for $j=1,\cdots,N_u$ 　$l=\arg\max\limits_{j=1,\cdots,M}\{\lvert[\boldsymbol{r}_k(i)]_j\rvert\}$ while $\lvert[\boldsymbol{r}_k(i)]_l\rvert\leqslant\frac{\mu}{2}[\boldsymbol{\Phi}_k(i)]_{l,l}$ and $f\leqslant M_b$ 　$f=f+1$；$\mu=\mu/2$ end if $f>M_b$ 　break; else 　$[\Delta\hat{\boldsymbol{w}}_k(i)]_l\leftarrow[\Delta\hat{\boldsymbol{w}}_k(i)]_l+\mu\mathrm{sign}([\boldsymbol{r}_k(i)]_l)$ 　$\boldsymbol{r}_k(i)\leftarrow\boldsymbol{r}_k(i)-\mu\mathrm{sign}([\boldsymbol{r}_k(i)]_l)[\boldsymbol{\Phi}_k(i)]_{:,l}$ end end

在表 5-3 中，$[\boldsymbol{r}_k(i)]_l$ 表示向量 $\boldsymbol{r}_k(i)$ 的第 l 个元素，$[\boldsymbol{\Phi}_k(i)]_{l,l}$ 和 $[\boldsymbol{\Phi}_k(i)]_{:,l}$ 分别表示矩阵 $\boldsymbol{\Phi}_k(i)$ 第 l,l 个元素和第 l 列向量。DCD 方法的精确性和计算复杂度取决于 3 个参数：H，M_b 和 N_u。通常，设置 H 的值为 2 的幂次方；M_b 表示足够表达幅值范围在 $[-H,H]$ 之间的向量 $\Delta\hat{\boldsymbol{w}}_k(i)$ 的比特数；N_u 表示，在时刻 i，向量 $\Delta\hat{\boldsymbol{w}}_k(i)$ 中被更新的最多元素个数。求解方程（5-47），使用一次 DCD 方法，最多需要 $2N_uM+M_b$ 次加法，不需要乘法运算[91]。大的 N_u 使得 DCD 解 $\Delta\hat{\boldsymbol{w}}_k(i)$ 更加接近式（5-47）的最优解 $\Delta\boldsymbol{w}_k(i)=\boldsymbol{\Phi}_k^{-1}(i)\boldsymbol{b}_k(i)$，但这也增加了加法运算。另外，若 $N_u<M$，则基于 DCD 的算法是一个部分更新算法[92]。然而，类似于 dRLS 算法，当冲击噪声出现时，DCD-dRLS 算法性能极大恶化。

5.4.2 DCD-R-dRLS 算法设计

为了将 DCD 方法应用到 5.2 节介绍的 R-dRLS 算法中以降低计算复杂度，本节提出如下步骤。

步骤 1：在节点 k，首先利用 DCD 方法求解由式（5-3）和式（5-48）描述的方程（5-47），得到该方程的近似解 $\Delta\hat{\boldsymbol{w}}_k^{(1)}(i)$ 和残差向量 $\boldsymbol{r}_k^{(1)}(i)$。由于存在冲击噪声，在这里强加一个与式(5-9）相同的约束条件，并改写为

$$\left\|\Delta\hat{\boldsymbol{w}}_k(i)\right\|_2^2\leqslant\xi_k(i-1) \tag{5-50}$$

步骤 2：若 $\left\|\Delta\hat{\boldsymbol{w}}_k^{(1)}(i)\right\|_2^2\leqslant\xi_k(i-1)$，则执行 $\Delta\hat{\boldsymbol{w}}_k(i)=\Delta\hat{\boldsymbol{w}}_k^{(1)}(i)$ 和 $\boldsymbol{r}_k(i)=\boldsymbol{r}_k^{(1)}(i)$，随后，执行中间估计更新（5-46）；否则，需要重新计算方程（5-47）中的向量 $\boldsymbol{b}_k(i)$，即

$$\boldsymbol{b}_k(i)=\lambda\boldsymbol{r}_k(i-1)+\frac{\sqrt{\xi_k(i-1)}}{\left\|\Delta\hat{\boldsymbol{w}}_k^{(1)}(i)\right\|_2}e_k(i)\boldsymbol{u}_k(i) \tag{5-51}$$

再次利用 DCD 方法，不同的是求解由式（5-3）和式（5-51）所表达的方程（5-47），得到该方程的近似解 $\Delta\widehat{\boldsymbol{w}}_k^{(2)}(i)$ 和残差向量 $\boldsymbol{r}_k^{(2)}(i)$，并执行中间估计更新（5-46），其中

$$\Delta\hat{\boldsymbol{w}}_k(i)=\frac{\sqrt{\xi_k(i-1)}}{\left\|\Delta\hat{\boldsymbol{w}}_k^{(2)}(i)\right\|_2}\Delta\hat{\boldsymbol{w}}_k^{(2)}(i)$$

$$\boldsymbol{r}_k(i)=\boldsymbol{r}_k^{(2)}(i) \tag{5-52}$$

步骤 3：执行组合步骤（5-7）。

步骤 4：与 R-dRLS 算法中的式（5-13）类似，DCD-R-dRLS 算法中的边界参数通过下式进行调整：

$$\zeta_k(i)=\beta\xi_k(i-1)+(1-\beta)\left\|\Delta\hat{\boldsymbol{w}}_k(i)\right\|_2^2 \tag{5-53a}$$

$$\xi_k(i)=\sum_{m\in\mathcal{N}_k}c_{m,k}\zeta_m(i) \tag{5-53b}$$

表 5-4 给出了 DCD-R-dRLS 算法的实现过程。

表 5-4　DCD-R-dRLS 算法

初始化	$\boldsymbol{w}_k(0)=\boldsymbol{0}$，$\boldsymbol{\Phi}_k(0)=\delta\boldsymbol{I}$，$\xi_k(0)=E_c\sigma_{d,k}^2/M\sigma_{u,k}^2$
算法参数	$0<\beta\prec 1$，$0<\lambda\prec 1$，δ，E_c
算法实现	$e_k(i)=d_k(i)-\boldsymbol{u}_k^{\mathrm{T}}(i)\boldsymbol{w}_k(i-1)$ $\boldsymbol{\Phi}_k(i)=\lambda\boldsymbol{\Phi}_k(i-1)+\boldsymbol{u}_k(i)\boldsymbol{u}_k^{\mathrm{T}}(i)$ $\boldsymbol{b}_k(i)=\lambda\boldsymbol{r}_k(i-1)+e_k(i)\boldsymbol{u}_k(i)$ 运用 DCD 方法求解方程 $\boldsymbol{\Phi}_k(i)\Delta\boldsymbol{w}_k(i)=\boldsymbol{b}_k(i)$，得到 $\Delta\hat{\boldsymbol{w}}_k(i)=\Delta\hat{\boldsymbol{w}}_k^{(1)}(i)$ 和 $\boldsymbol{r}_k(i)=\boldsymbol{r}_k^{(1)}(i)$。 if $\lVert\Delta\boldsymbol{w}_k(i)\rVert_2^2>\xi_k(i-1)$ $\boldsymbol{b}_k(i)=\lambda\boldsymbol{r}_k(i-1)+\dfrac{\sqrt{\xi_k(i-1)}}{\lVert\Delta\hat{\boldsymbol{w}}_k^{(1)}(i)\rVert_2}e_k(i)\boldsymbol{u}_k(i)$ 运用 DCD 方法求解方程 $\boldsymbol{\Phi}_k(i)\Delta\boldsymbol{w}_k(i)=\boldsymbol{b}_k(i)$，得到 $\Delta\hat{\boldsymbol{w}}_k(i)=\dfrac{\sqrt{\xi_k(i-1)}}{\lVert\Delta\hat{\boldsymbol{w}}_k^{(2)}(i)\rVert_2}\Delta\hat{\boldsymbol{w}}_k^{(2)}(i)$ 和 $\boldsymbol{r}_k(i)=\boldsymbol{r}_k^{(2)}(i)$ end $\boldsymbol{\psi}_k(i)=\boldsymbol{w}_k(i-1)+\Delta\hat{\boldsymbol{w}}_k(i)$ $\boldsymbol{w}_k(i)=\sum\limits_{m\in\mathcal{N}_k}c_{m,k}\boldsymbol{\psi}_m(i)$ $\zeta_k(i)=\beta\xi_k(i-1)+(1-\beta)\lVert\Delta\hat{\boldsymbol{w}}_k(i)\rVert_2^2$ $\xi_k(i)=\sum\limits_{m\in\mathcal{N}_k}c_{m,k}\zeta_m(i)$

讨论 2：在时刻 i，若冲击噪声出现，则使用 DCD 方法求解由式（5-3）和式（5-48）描述的方程 $\boldsymbol{\Phi}_k(i)\Delta\boldsymbol{w}_k(i)=\boldsymbol{b}_k(i)$ 将产生不匹配的解 $\Delta\hat{\boldsymbol{w}}_k^{(1)}(i)$，以致 $\lVert\Delta\hat{\boldsymbol{w}}_k^{(1)}(i)\rVert_2^2>>\xi_k(i-1)$，这是因为冲击噪声出现在 $\boldsymbol{b}_k(i)$ 中。为此，在式（5-51）中，通过增加一个极小的收缩因子 $\sqrt{\xi_k(i-1)}/\lVert\Delta\hat{\boldsymbol{w}}_k^{(1)}(i)\rVert_2$ 来削弱冲击噪声对 $\boldsymbol{b}_k(i)$ 的影响，然后再次使用 DCD 方法能够获得可靠的解 $\Delta\hat{\boldsymbol{w}}_k^{(2)}(i)$。在式（5-52）中使用类似的收缩因子 $\sqrt{\xi_k(i-1)}/\lVert\Delta\hat{\boldsymbol{w}}_k^{(2)}(i)\rVert_2$ 是为了使得更新增量 $\Delta\hat{\boldsymbol{w}}_k(i)$ 满足约束（5-50）中的等号条件。而且，从式（5-53a）和（8-53b）中能够得出，$\xi_k(i)$ 在自适应过程中也是逐渐减小的。综上所述，DCD-R-dRLS 算法具有很强的抗冲击干扰能力。除此之外，通过对比式（5-10）和式（5-50）能够发现 $\lVert\boldsymbol{g}_k(i)\rVert_2|e_k(i)|\approx\lVert\Delta\hat{\boldsymbol{w}}_k(i)\rVert_2$，因而 DCD-R-dRLS 算法可以说是 R-dRLS

算法的 DCD 版本。与 R-dRLS 算法不同的是，为了赋予 DCD-R-dRLS 算法好的跟踪能力，这需要利用 5.2.3 节提出的 DNC 方法来重置 $\xi_k(i)$ 和 $\boldsymbol{\Phi}_k(i)$。

讨论 3：记 C_{DCD}^{+} 表示执行一次 DCD 算法需要的加法数目，且 $C_{\text{DCD}}^{+} \leqslant 2N_u M + M_b$。表 5-5 给出了 dLMS、dRLS、DCD-dRLS 以及提出的 R-dRLS 和 DCD-R-dRLS 算法在每个节点 k、执行一次迭代所需要的加法、乘法、除法和平方根运算数。若节点 k 的输入向量 $\boldsymbol{u}_k(i)$ 具有时移结构，即 $\boldsymbol{u}_k(i)=(u_k(i),u_k(i-1),\cdots,u_k(i-M+1))^{\mathrm{T}}$，则式（5-3）中 $\boldsymbol{\Phi}_k(i)$ 的实现是非常简单的。在这种情况下，通过复制 $\boldsymbol{\Phi}_k(i-1)$ 的左上角 $(M-1)\times(M-1)$ 矩阵块作为 $\boldsymbol{\Phi}_k(i)$ 的右下角 $(M-1)\times(M-1)$ 矩阵块。之后，$\boldsymbol{\Phi}_k(i)$ 需要计算的部分只剩它的第一行和第一列。由于矩阵 $\boldsymbol{\Phi}_k(i)$ 的对称性，仅需要计算它的第一列，则公式化为 $[\boldsymbol{\Phi}_k(i)]_{:,1}=\lambda[\boldsymbol{\Phi}_k(i-1)]_{:,1}+u_k(i)\boldsymbol{u}_k(i)$。关于表 5-5 中的 DCD-R-dRLS 算法，$\kappa=1$ 表示在时刻 i 满足 $\|\Delta\hat{\boldsymbol{w}}_k(i)\|_2^2>\xi_k(i-1)$（这对应该算法最大的计算复杂度）。另外，R-dRLS 和 DCD-R-dRLS 算法中涉及的比较运算通常通过加法运算实现。

表 5-5　在每个节点 k 各算法一次迭代需要的计算复杂度

算法	乘法	加法	除法	平方根
dLMS	Mn_k+2M+1	Mn_k+M	—	—
dRLS	n_kM+4M^2+3M	n_kM+3M^2	M	—
DCD-dRLS（无时间转移结构）	n_kM+2M^2+3M	$n_kM+M^2+3M+C_{\text{DCD}}^{+}$	—	—
DCD-dRLS（有时间转移结构）	n_kM+5M	$n_kM+3M+C_{\text{DCD}}^{+}$	—	—
R-dRLS	$n_k(M+1)+4M^2+4M+5$	$n_k(M+1)+3M^2+M+1$	$M+1$	1
DCD-R-dRLS（无时间转移结构）	$n_k(M+1)+2M^2+4M+3\kappa M+2$	$n_k(M+1)+M^2+4M+$ $\kappa(2M-1+C_{\text{DCD}}^{+})+C_{\text{DCD}}^{+}$	2κ	2κ
DCD-R-dRLS（有时间转移结构）	$n_k(M+1)+6M+3\kappa M+2$	$n_k(M+1)+4M+$ $\kappa(2M-1+C_{\text{DCD}}^{+})+C_{\text{DCD}}^{+}$	2κ	2κ

图 5-1 显示了这些算法在节点 k、一次迭代所需的乘法和加法运算数目，其中，$n_k=10$，$M_b=32$ 和 $\kappa=1$。由于 $N_u<M$，一方面，相比于 dRLS 和 R-dRLS 算法，DCD 算法在很大程度上降低了它们的计算复杂度，尤其是当节点输入向量具有时间转移结构时。而且，随着 M 增加，该优点将更加明显。另一方面，相比于 dRLS 和 DCD-dRLS 算法，提出的 R-dRLS 和 DCD-R-dRLS 算法分别增加的计算复杂度是轻微的。此外，对于 R-dRLS 和 DCD-R-dRLS 算法，在每一次迭代，每个节点 k 还需要传输 n_k-1 个常数给它的邻居节点。

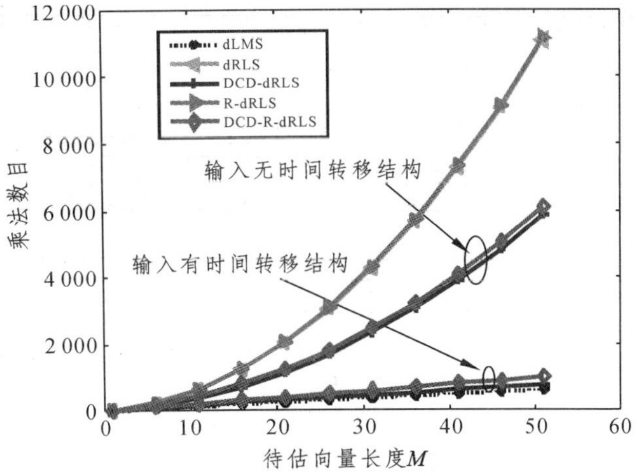

（a）乘法数

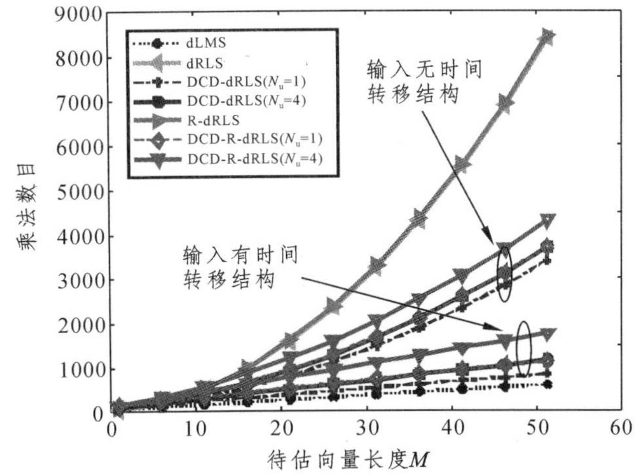

（b）加法数

图 5-1　随着参数向量长度 M 的变化，各扩散型分布式算法的乘法和加法数目

讨论 4：从 DCD-R-dRLS 算法中，能够直接得到其在单节点场景中的特殊形式，称为 DCD-R-RLS 算法。换句话说，针对单节点场景的 DCD-R-RLS 算法是文献[93]中算法的 DCD 实现。

5.5　仿真实验

为了验证 R-dRLS 和 DCD-R-dRLS 算法的性能，考虑由 $N=20$ 个节点构成的扩散型网络，其拓扑结构如图 5-2 所示。待估参数向量 $\boldsymbol{w}_o$ 从零均值的均匀分布中随机产生，其长度为 $M=16$ 且有 $\|\boldsymbol{w}_o\|_2=1$。为了评价算法的跟踪能力，$\boldsymbol{w}_o$ 在第 i=2500 时刻变为 $-\boldsymbol{w}_o$。

在节点 k，输入向量 $\boldsymbol{u}_k(i)$ 由时间转移结构表示，其中，输入信号 $\boldsymbol{u}_k(i)$ 通过二阶自回归系统产生，即 $\boldsymbol{u}_k(i)=1.6\boldsymbol{u}_k(i-1)-0.81\boldsymbol{u}_k(i-2)+\epsilon_k(i)$，其具有很高的相关性，$\epsilon_k(i)$ 是均值为零、方差为 $\sigma_{\epsilon,k}^2$ 的白色高斯过程。背景噪声 $\theta_k(i)$ 由零均值、方差为 $\sigma_{\theta,k}^2$ 的白色高斯过程产生。图 5-3 给出了所有节点的 $\sigma_{\epsilon,k}^2$ 和 $\sigma_{\theta,k}^2$ 的值。为了公平比较算法性能，所有的扩散型算法（除了

RVWC-dLMS 算法）在自适应步骤中均不考虑节点间的信息合作。对于这些扩散型算法，组合步骤中的加权系数 $\{c_{m,k}\}$ 采用 Metropolis 规则产生[94]。采用 $\mathrm{MSD}_{\mathrm{net}} \triangleq \frac{1}{N}\sum_{k=1}^{N} E(\|\tilde{\boldsymbol{w}}_k(i)\|_2^2)$ 来评价算法的性能。所有的仿真结果都是 200 次独立运行结果的平均值。

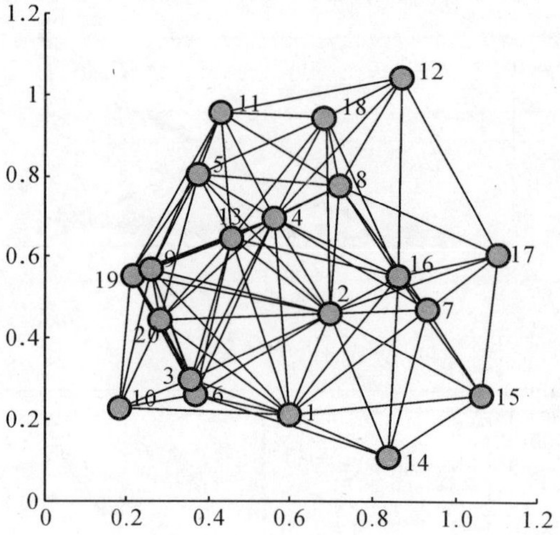

图 5-2 扩散型网络的拓扑结构

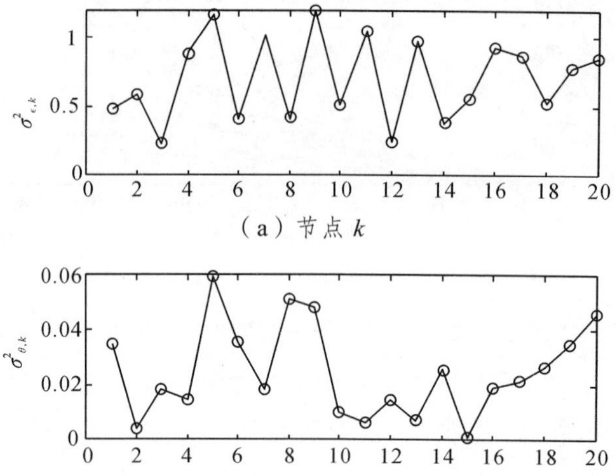

图 5-3 不同节点的 $\sigma_{\epsilon,k}^2$ 和 $\sigma_{\theta,k}^2$ 值

5.5.1 R-dRLS 算法的性能验证

1）高斯噪声环境

图 5-4 比较了 dRLS、LTVFF-dRLS、LCTVFF-dRLS 和 R-dRLS 算法在高斯噪声环境下的网络 MSD 性能。其中，LTVFF-dRLS 和 LCTVFF-dRLS 算法是文献[95]中提出的变遗忘因子（variable forgetting factor，VFF）dRLS 算法。设置这些算法的参数使得它们有相同的初始收敛速度。对于 RLS 类算法，正则化参数均设置为 $\delta = 0.01$。算法的其他参数设置为：$\lambda = 0.995$（dRLS）；$\alpha = 0.97, \beta = 0.0005, \lambda_+ = 0.9998, \lambda_- = 0.95$（LTVFF-dRLS）；$\alpha = 0.8, \beta = 0.015, \gamma = 0.95,$

$\lambda_+ = 0.9998,\ \lambda_- = 0.95$（LCTVFF-dRLS）；$\lambda = 0.98, \beta = 0.97, E_c = 10$（R-dRLS）。如图 5-4 所示，LTVFF-dRLS 和 LCTVFF-dRLS 算法在保持相同的初始收敛速度下，降低了算法的稳态 MSD。另外，通过在自适应更新中引入时变的收缩因子，R-dRLS 算法比 dRLS 算法在稳态性能方面也获得了极大的改善，并且优于 LTVFF-dRLS 和 LCTVFF-dRLS 算法。

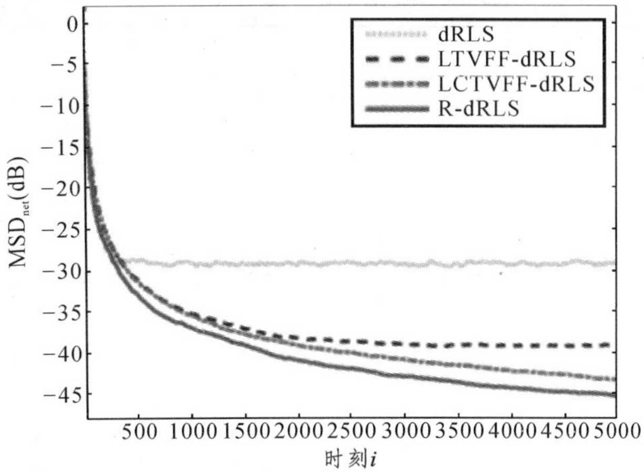

图 5-4　高斯噪声环境下各算法的网络 MSD 学习曲线

2）CG 噪声环境

本实验的冲击噪声由 CG 过程建模。节点 k 的冲击噪声发生概率 $p_{r,k}$ 在[0.001，0.05]随机产生，冲击噪声方差设置为 $\sigma_{g,k}^2 = 1000\sigma_{y,k}^2$，其中，$\sigma_{y,k}^2$ 表示 $y_k(i) = \boldsymbol{u}_k^{\mathrm{T}}(i)\boldsymbol{w}_o$ 的功率。图 5-5 给出了 dRLS、dSE-LMS、dLMP、RVWC-dLMS、dRLP 和 R-dRLS 算法的网络 MSD 学习曲线，其中，R-dRLS（no-cooperation）表示每个节点执行文献[93]提出的算法。为了公平地比较 RLS 类算法，设置相同的遗忘因子 $\lambda = 0.985$ 和正则化参数 $\delta = 0.01$，除了 dRLP 算法，其正则化参数设为 $\delta = 0.5$。RVWC-dLMS 算法自适应步骤中的加权系数由 Metropolis 规则产生。算法的其他参数设置如下：$\mu_k = 0.015$（dSE-LMS）；$\mu_k = 0.015, p = 1.3$（dLMP）；$p = 1.3$（dRLP）；$L = 16, \alpha = 2.58, \lambda = 0.98, \mu_k = 0.03$（RVWC-dLMS）；$\beta = 0.97, E_c = 1$（R-dRLS）；$\varrho = 3, \tau = 0.96, t_{\mathrm{th}} = 15$（DNC）。从图 5-5 可以看出，只有 dRLS 算法在冲击噪声环境下是发散的。虽然 dSE-LMS、dLMP 和 RVWC-dLMS 算法对冲击噪声不敏感，但它们的收敛速度很慢，这是因为节点的输入信号具有强相关性。相反，dRLP 和 R-dRLS 算法则提供了快收敛速度，且后者比前者有更好的稳态性能。另外，通过 DNC 方法，不仅 R-dRLS 算法丢失的跟踪能力得到了补偿，而且算法的稳态性能没有损失。

3）Alpha 稳定分布噪声

本实验的冲击噪声由 Alpha 稳定分布来产生。在这个例子中，Alpha 稳定分布噪声的参数设置为：$\alpha = 1.2$，$\gamma = 2/15$。算法的参数设置为：$p = 1.3$（dLMP 和 dRLP）；$\mu_k = 0.028$（RVWC-dLMS）；$\varrho = 2$，$t_{\mathrm{th}} = 5$（DNC）；其他参数设置与图 5-5 相同。图 5-6 显示了这些算法的网络 MSD 学习曲线。图 5-7 给出了图 5-6 中除 dRLS 算法之外的所有算法在每个节点上的稳态 MSD。如图 5-6 和图 5-7 所示，在收敛速度、稳态误差和跟踪能力方面，R-dRLS+DNC 算法优于 dSE-LMS、dLMP、dRLP 和 RVWC-dLMS 算法。从图 5-5~图 5-7 可以看到，得益于互联节点间的信息交流与合作，R-dRLS 算法比非合作 R-dRLS（no-cooperation）算法有着更好的估计性能。

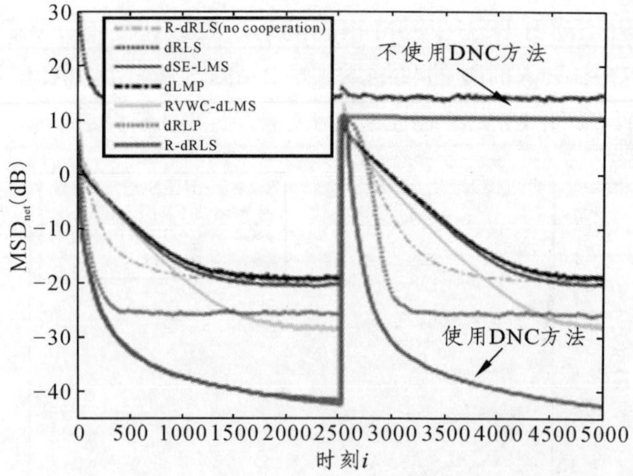

图 5-5　CG 噪声环境下各算法的网络 MSD 学习曲线

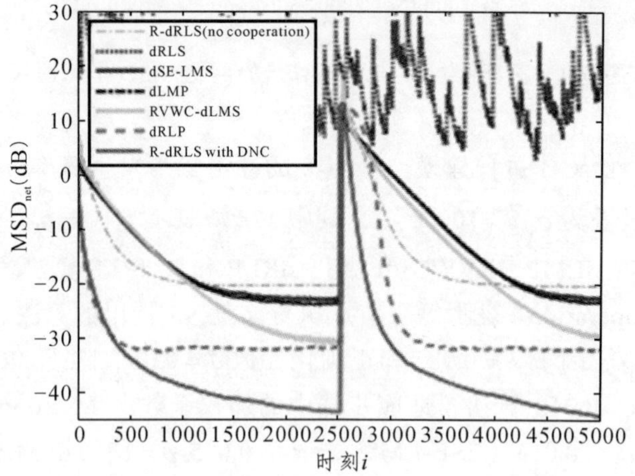

图 5-6　Alpha 稳定分布噪声环境下各算法的网络 MSD 学习曲线

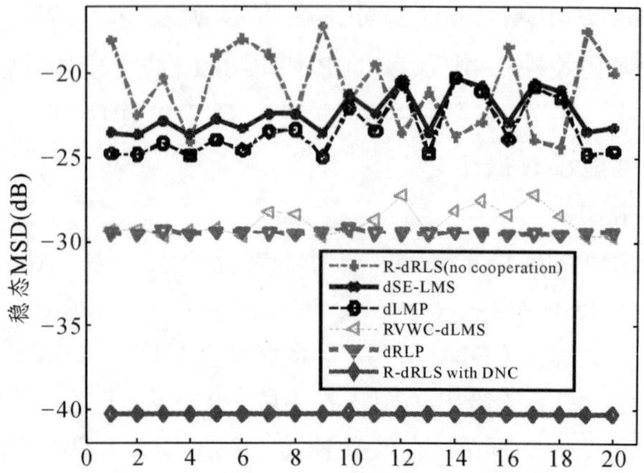

图 5-7　不同节点上各算法的稳态 MSD

5.5.2　DCD 算法的性能验证

对于不同 N_u 值，图 5-8 和图 5-9 分别展示了 DCD-R-dRLS 算法在 CG 噪声和 Alpha 稳定分布噪声环境下的网络 MSD 学习曲线。DCD-R-dRLS 算法的参数设置与 R-dRLS 算法一致，除了 $\lambda = 0.975$，$\beta = 0.96$ 和 $\tau = 0.97$。DCD 算法的参数设置是 $H = 4$ 和 $M_b = 16$。由于 dRLS 和 DCD-dRLS 算法在冲击噪声环境下是发散的，图中没有给出。如图 5-8 和图 5-9 所示，与 R-dRLS 算法一样，DCD-R-dRLS 算法对冲击噪声具有鲁棒性。随着 N_u 值的增加，DCD-R-dRLS 算法的性能更接近 R-dRLS 算法。在图 5-8 和图 5-9 中，当 $N_u = 4$ 时，DCD-R-dRLS 算法获得了一个好的近似性能。然而，根据讨论 3 可知，DCD-R-dRLS 算法极大地降低了 R-dRLS 算法的计算复杂度。

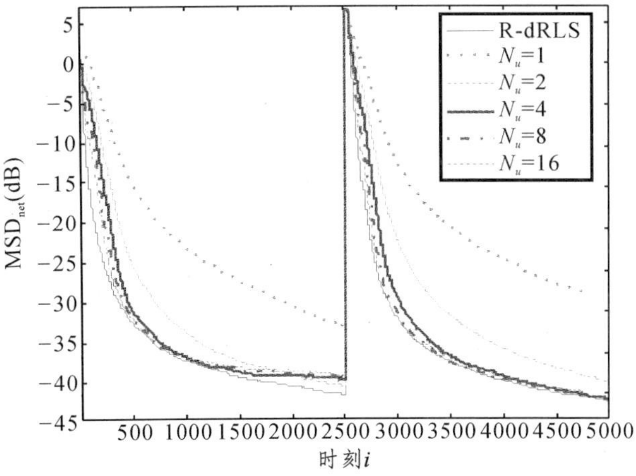

图 5-8　DCD-R-dRLS 算法在 CG 噪声环境下的网络 MSD 学习曲线

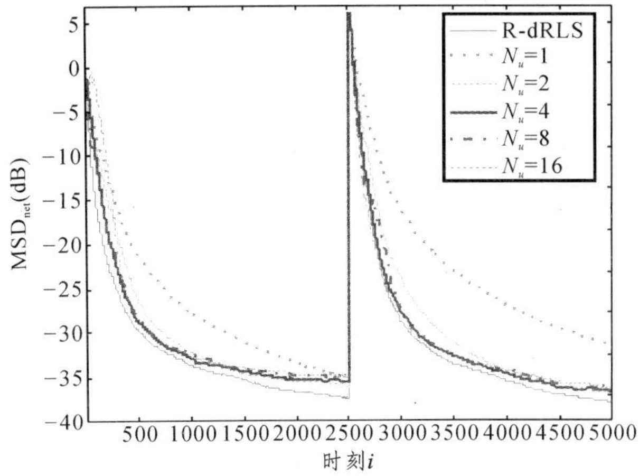

图 5-9　DCD-R-dRLS 算法在 Alpha 稳定分布噪声环境下的网络 MSD 学习曲线

5.5　本章小结

本章介绍了一种鲁棒的分布式 RLS 算法，称为 R-dRLS 算法，在每个节点，通过约束其中间估计的更新增量的能量不超过预设的边界参数，并在此条件下最小化各节点的局部 RLS

代价函数。为了确保算法对冲击噪声的鲁棒性，基于扩散型合作策略，给出了一种逐渐缩小边界参数值的迭代方法。为了赋予 R-dRLS 算法在时变环境下的跟踪能力，设计了一种 DNC 方法。理论分析证明，即使环境中存在冲击噪声，R-dRLS 算法也能获得很好的稳态估计性能。随后，通过将 DCD 方法推广到 R-dRLS 算法中，提出的 DCD-R-dRLS 算法具有更低的计算复杂度。仿真结果表明，无论是否存在冲击噪声，R-dRLS 算法都具有快的收敛速度和好的稳态性能。而 DCD-R-dRLS 算法也能很好地近似 R-dRLS 算法的性能。

第 6 章　分布式总体最小均值 M 估计算法

6.1　研究背景

为了使 DLMS 算法在冲击噪声环境下仍然能够获得较好的估计性能，目前已有多种鲁棒扩散型分布式算法被相继提出，如扩散型归一化最小均值 M 估计（diffusion normalized least mean M-estimate，DNLMM）算法[96]和扩散型最大相关熵（diffusion maximum correntropy）算法[97]，两者在冲击噪声环境下均具有出色的表现。然而，如一般滤波问题中所出现的输入输出信号均含噪的情况，在分布式自适应算法研究中同样需要考虑。受偏差补偿策略的启发，学者 R. Abdolee 等提出了偏差补偿 DLMS（biased compensate DLMS，BC-DLMS）[98]，A. Bertrand 等提出了偏差补偿 DRLS（biased compensate DRLS，BC-DRLS）算法[99]，并进行了详细的性能分析。受 TLS 算法的启发，学者 R. Arablouei 提出了一种扩散型梯度下降总体最小二乘（diffusion gradient-descent total least squares，DGDTLS）算法，相较于传统的 TLS 问题求解方法，其计算复杂度较低[100]。随后，L. Lu 等提出了一种基于多节点反馈的改进 DTLS 算法[101]；在分布式 TLS 问题的基础上，针对稀疏系统，S. Huang 等引入了三种不同的稀疏惩罚项，并提出了一系列稀疏改进 DTLS 算法[102] [103]。同样地，为了提升 DGDTLS 算法在冲击噪声环境下的鲁棒性，Y. He 等将最大相关熵准则与 DGDTLS 算法结合，提出了扩散型最大总体相关熵（diffusion maximum total correntropy，DMTC）算法[104]。然而必须指出的是，DMTC 算法的收敛性能易受核宽的影响。

M 估计函数具有移除冲击噪声干扰的特性，且结构简单。本章提出一种鲁棒的扩散型总体最小均值 M 估计（diffusion total least mean M-estimate，DTLMM）自适应算法，实现了冲击噪声环境下基于 EIV 模型的分布式参数估计。在冲击噪声环境下，详细讨论了 DTLMM 的均值和均方性能，并给出了其稳态 NMSD 的闭式表达式。此外，还提出了一种鲁棒变步长 DTLMM（variable step size diffusion total least mean M-estimate，VSS-DTLMM）算法，明显提高了 DTLMM 算法的收敛性能。

本小节介绍的 DTLMM 和 VSS-DTLMM 算法来自编者发表在 *IEEE Transactions on Circuits and Systems Ⅱ: Express Briefs* 上的文章 *Robust Diffusion Total Least Mean M-estimate Adaptive Filtering Algorithm and Its Performance Analysis*[105]。

6.2　DTLMM 算法

6.2.1　DTLMM 算法推导

考虑一个 N 节点扩散型网络，节点 $k \in \{1,2,\cdots,N\}$ 是一个线性 FIR 滤波器：

$$y_k(n)=\boldsymbol{x}_k^{\mathrm{T}}(n)\boldsymbol{w}_k(n) \tag{6-1}$$

式中，$\boldsymbol{x}_k(n)\in\mathbf{R}^{M\times 1}$ 是 n 时刻节点 k 的输入信号向量；$\boldsymbol{w}_k(n)$ 是 n 时刻 k 节点滤波器的抽头系数向量。在实际应用，节点 k 的输入和期望信号均会受到噪声的干扰，该情况下的参数估计问题可以用如下 EIV 模型进行建模，具体表示为

$$\tilde{\boldsymbol{x}}_k(n)=\boldsymbol{x}_k(n)+\boldsymbol{\eta}_k(n) \tag{6-2}$$

$$\tilde{d}_k(n)=d_k(n)+v_k(n) \tag{6-3}$$

式中，$\boldsymbol{\eta}_k(n)$ 和 $v_k(n)$ 分别是节点 k 的输入噪声和期望信号中包含的噪声，$\boldsymbol{\eta}_k(n)$ 的方差为 $\sigma_{i,k}^2$，$v_k(n)$ 由 CG 噪声建模，其背景噪声方差为 $\sigma_{b,k}^2$。

对于 EIV 模型，TLS 方法是通过最小化输入和输出中的干扰（即噪声）来找到模型的最优解。对于分布式网络，通常定义为以下网络优化问题[100]：

$$\min_{\boldsymbol{w}}\sum_{k=1}^{N}E\left(\frac{(\tilde{d}_k(n)-\tilde{\boldsymbol{x}}_k^{\mathrm{T}}(n)\boldsymbol{w}_k)^2}{\|\boldsymbol{w}_k\|_2^2+\gamma_k}\right) \tag{6-4}$$

式中，$\gamma_k=\sigma_{b,k}^2/\sigma_{i,k}^2$ 是节点 k 输出背景噪声与输入噪声的方差之比。

基于扩散型策略，将式（6-4）定义的全局优化问题分解到局部节点 k 上，即

$$\min_{w_k}J_k^{\mathrm{loc}}(\boldsymbol{w})=\sum_{m\in\mathcal{N}_k}c_{m,k}E\left(\frac{(\tilde{d}_m(n)-\tilde{\boldsymbol{x}}_m^{\mathrm{T}}(n)\boldsymbol{w}_k)^2}{\|\bar{\boldsymbol{w}}_k\|_2^2}\right) \tag{6-5}$$

式中，$c_{m,k}$ 表示节点 k 分配给来自邻居节点 m 的信息的权重系数；$\bar{\boldsymbol{w}}_k=(\boldsymbol{w}_k^{\mathrm{T}},-\sqrt{\gamma_k})^{\mathrm{T}}$ 是增广权值向量。

为了提高 DGDTLS 算法对冲击噪声的鲁棒性，将 M 估计函数引入 DGDTLS 算法的局部代价函数中，可重新定义如下鲁棒代价函数：

$$\begin{aligned}\min_{w_k}J_{\mathrm{DTLMM},k}^{\mathrm{loc}}(\boldsymbol{w})&=\sum_{m\in\mathcal{N}_k}c_{m,k}F_m(\boldsymbol{w})\\&=\sum_{m\in\mathcal{N}_k}c_{m,k}E(\varphi(e_{\mathrm{tot},m}(n)))\end{aligned} \tag{6-6}$$

式中，$\varphi(\cdot)$ 是 M 估计函数，$e_{\mathrm{TOT},m}(n)=e_m(n)/\|\bar{\boldsymbol{w}}_k\|_2=[\tilde{d}_m(n)-\tilde{\boldsymbol{x}}_m^{\mathrm{T}}(n)\boldsymbol{w}_k]/\|\bar{\boldsymbol{w}}_k\|_2$ 称为节点 m 的总体输出误差。

本章采用改进 Huber 函数，这是因为其结构简单且性能优越，如下所示：

$$\varphi\left(e_{\mathrm{TOT},m}(n)\right)=\begin{cases}e_{\mathrm{TOT},m}^2(n)/2, & |e_m(n)|<\xi_m(n)\\ \xi_m^2(n)/2, & |e_m(n)|\geqslant\xi_m(n)\end{cases} \tag{6-7}$$

式中，$\xi_m(n)$ 是时变阈值，可以通过 $\xi_m(n)=\kappa\sigma_{e,m}(n)$ 得到。$\kappa=2.576$ 是一个典型值，它意味着：假设估计误差服从高斯分布，当出现冲击噪声，即 $|e_m(n)|\geqslant\xi_m(n)$ 时，权重向量停止更新

的置信度为 99%[106]。$\sigma_{e,m}^2(n)$ 是无冲击噪声估计误差 $e_m(n)$ 的方差，可由 $\sigma_{e,m}^2(n)=\lambda_\sigma\sigma_{e,m}^2(n-1)+C(1-\lambda_\sigma)\text{median}(\boldsymbol{A}_m^e(n))$ 估计得到，其中，$0<<\lambda_\sigma<1$ 是遗忘因子；$C=1.483(1+5/(N_w-1))$ 称为校正因子；$\boldsymbol{A}_m^e(n)=(e_m^2(n),e_m^2(n-1),\cdots,e_m^2(n-N_w+1))$ 是长度为 N_w 的误差数据滑动窗；N_w 是估计窗口的长度，一般从 5~9 中选择，且随着冲击噪声发生概率的增加，其值可以适当增加以取得更好的中值滤波效果。

令式（5-6）、（6-6）对 $\boldsymbol{w}_k$ 求导，得到梯度向量为

$$\nabla \boldsymbol{w}_k=\left.\frac{\partial J_k^{\text{loc}}(\boldsymbol{w})}{\partial \boldsymbol{w}}\right|_{w_k}=\sum_{m\in\mathcal{N}_k}c_{m,k}\boldsymbol{f}_m(\boldsymbol{w}) \tag{6-8}$$

其中

$$\boldsymbol{f}_m(\boldsymbol{w})=\begin{cases}-E\left(\dfrac{\|\bar{\boldsymbol{w}}_k\|_2^2e_m(n)\tilde{\boldsymbol{x}}_m(n)+e_m^2(n)\boldsymbol{w}_k}{\|\bar{\boldsymbol{w}}_k\|_2^4}\right), & |e_m(n)|<\xi_m(n)\\ 0, & |e_m(n)|\geqslant\xi_m(n)\end{cases} \tag{6-9}$$

对上式利用瞬时近似，得

$$\hat{\boldsymbol{f}}_m(\boldsymbol{w})=\begin{cases}-\dfrac{\|\bar{\boldsymbol{w}}_k\|_2^2e_m(n)\tilde{\boldsymbol{x}}_m(n)+e_m^2(n)\boldsymbol{w}_k}{\|\bar{\boldsymbol{w}}_k\|_2^4}, & |e_m(n)|<\xi_m(n)\\ 0, & |e_m(n)|\geqslant\xi_m(n)\end{cases} \tag{6-10}$$

采用随机梯度下降法，结合式（6-8）、（5-8）和式（5-10）、（6-10），可以得到 DTLMM 算法的权重更新方程如下：

$$\boldsymbol{w}_k(n)=\begin{cases}\boldsymbol{w}_k(n-1)+\mu\sum\limits_{m\in\mathcal{N}_k}c_{m,k}\dfrac{\|\bar{\boldsymbol{w}}_k(n-1)\|_2^2e_m(n)\tilde{\boldsymbol{x}}_m(n)+e_m^2(n)\boldsymbol{w}_k(n-1)}{\|\bar{\boldsymbol{w}}_k(n-1)\|_2^4}, & |e_m(n)|<\xi_m(n)\\ \boldsymbol{w}_k(n-1), & |e_m(n)|\geqslant\xi_m(n)\end{cases} \tag{6-11}$$

使用 ATC 扩散策略，并引入一个中间值 $\boldsymbol{\psi}_m(t)$，可以得到

$$\boldsymbol{\psi}_m(n)=\begin{cases}\boldsymbol{\psi}_m(n-1)+\mu_m\dfrac{\|\bar{\boldsymbol{w}}_k(n-1)\|_2^2e_m(n)\tilde{\boldsymbol{x}}_m(n)+e_m^2(n)\boldsymbol{w}_k(n-1)}{\|\bar{\boldsymbol{w}}_k(n-1)\|_2^4}, & |e_m(n)|<\xi_m(n)\\ \boldsymbol{\psi}_m(n-1), & |e_m(n)|\geqslant\xi_m(n)\end{cases} \tag{6-12}$$

$$\boldsymbol{w}_k(n)=\sum_{m\in\mathcal{N}_k}c_{m,k}\boldsymbol{\psi}_m(n) \tag{6-13}$$

对于式（5-12）、（6-12）的更新过程，将 $\boldsymbol{w}_k(n-1)$ 用 $\boldsymbol{w}_m(n-1)$ 来近似，这是因为二者均是未知参数向量的估计值且互为邻居节点，因此这样的近似是合理的。此外，进一步将 $\boldsymbol{\psi}_m(n-1)$ 替换为 $\boldsymbol{w}_m(n-1)$，这是由于 $\boldsymbol{w}_m(n-1)$ 包含更多的信息。考虑到以上这些因素，DTLMM 算法的权重向量更新方程可以改写为

$$\boldsymbol{\psi}_k(n)=\begin{cases}\boldsymbol{w}_k(n-1)+\mu_k\dfrac{\|\bar{\boldsymbol{w}}_k(n-1)\|_2^2\, e_k(n)\tilde{\boldsymbol{x}}_k(n)+e_k^2(n)\boldsymbol{w}_k(n-1)}{\|\bar{\boldsymbol{w}}_k(n-1)\|_2^4}, & |e_k(n)|<\xi_k(n)\\ \boldsymbol{w}_k(n-1), & |e_k(n)|\geqslant\xi_k(n)\end{cases} \tag{6-14}$$

$$\boldsymbol{w}_k(n)=\sum_{m\in\mathcal{N}_k}c_{m,k}\boldsymbol{\psi}_m(n) \tag{6-15}$$

当冲击噪声出现时，其会造成很大的估计误差，导致 $|e_k(n)|\geqslant\xi_k(n)$。此时，权重向量的中间值不更新，该机制可有效抑制冲击噪声对算法性能的影响，保证算法的鲁棒性。表 6-1 给出了 DTLMM 算法的伪代码。

表 6-1　DTLMM 算法的伪代码

初始化	$\boldsymbol{w}(0)=\boldsymbol{0}$
输入	$\mu_k>0$，$0<<\lambda_\sigma<1$，N_w，$\kappa=2.576$
算法实现	从时间 $n=0,1,2,\cdots$ 迭代 对于节点 k，执行 $e_k(n)=\tilde{d}_k(n)-\tilde{\boldsymbol{x}}_k^{\mathrm{T}}(n)\boldsymbol{w}_k$ $\boldsymbol{A}_k^e(n)=(e_k^2(n),e_k^2(n-1),\cdots,e_k^2(n-N_w+1))$ $\sigma_{e,k}^2(n)=\lambda_\sigma\sigma_{e,k}^2(n-1)+C(1-\lambda_\sigma)\mathrm{median}(A_k^e(n))$ $\varepsilon_k(n)=\kappa\sigma_{e,k}(n)$ $\boldsymbol{\psi}_k(n)=\begin{cases}\boldsymbol{w}_k(n-1)+\mu_k\dfrac{\|\bar{\boldsymbol{w}}_k(n-1)\|_2^2\, e_k(n)\tilde{\boldsymbol{x}}_k(n)+e_k^2(n)\boldsymbol{w}_k(n-1)}{\|\bar{\boldsymbol{w}}_k(n-1)\|_2^4}, & \lvert e_k(n)\rvert<\xi_k(n)\\ \boldsymbol{w}_k(n-1), & \lvert e_k(n)\rvert\geqslant\xi_k(n)\end{cases}$ $\boldsymbol{w}_k(n)=\sum_{m\in\mathcal{N}_k}c_{m,k}\boldsymbol{\psi}_m(n)$

6.2.2　变步长策略

为了有效处理 DTLMM 算法在固定步长下收敛速度和稳态偏差无法兼顾的矛盾，使用时变步长 $\mu_k(n-1)$ 代替更新公式（6-14）中的固定步长 μ_k，如下所示：

$$\boldsymbol{\psi}_k(n)=\begin{cases}\boldsymbol{w}_k(n-1)+\mu_k(n-1)\dfrac{\|\bar{\boldsymbol{w}}_k(n-1)\|_2^2 e_k(n)\tilde{\boldsymbol{x}}_k(n)+e_k^2(n)\boldsymbol{w}_k(n-1)}{\|\bar{\boldsymbol{w}}_k(n-1)\|_2^4}, & |e_k(n)|<\xi_k(n)\\ \boldsymbol{w}_k(n-1), & |e_k(n)|\geqslant \xi_k(n)\end{cases}$$

（6-16）

该 VSS 策略的基本原理是：随着估计误差的增加，步长值增加以加快算法的收敛速度，当误差减少时，步长值亦随之减小以确保收敛精度，并通过以下递归公式实现：

$$\chi_k(n)=\alpha\mu_k(n-1)+\beta\frac{e_k^2(n)}{\|\bar{\boldsymbol{w}}_k(n-1)\|_2^2} \tag{6-17}$$

式中，$0<\alpha<1$，$\beta>0$，$\chi_k(n)$ 是 $\mu_k(n)$ 的中间值。

然而，考虑到误差信号中存在的冲击噪声干扰会使得上述 VSS 策略失效，同时受到 M 估计函数的启发，可以进一步得到一种鲁棒的步长更新方法

$$\chi_k(n)=\begin{cases}\alpha\mu_k(n-1)+\beta\dfrac{e_k^2(n)}{\|\bar{\boldsymbol{w}}_k(n-1)\|_2^2}, & |e_k(n)|<\xi_k(n)\\ \chi_k(n-1), & |e_k(n)|\geqslant\xi_k(n)\end{cases} \tag{6-18}$$

$$\mu_k(n)=\sum_{m\in\mathcal{N}_k} c_{m,k}\chi_m(n) \tag{6-19}$$

考虑到 VSS 策略的稳定性和跟踪能力，分别设置步长的下限 $\mu_{\min}$ 和上限 $\mu_{\max}$，即

$$\chi_k(n)=\begin{cases}\mu_{\max}, & \chi_k(n)>\mu_{\max}\\ \mu_{\min}, & \chi_k(n)<\mu_{\min}\\ \chi_k(n), & \text{其他}\end{cases} \tag{6-20}$$

式中，初始步长通常设置为 $\mu_{\max}$，以加快算法的收敛速度。

针对上述 VSS-DTLMM 算法，其伪代码总结在表 6-2 中。

表 6-2　VSS-DTLMM 算法的伪代码

初始化	$\boldsymbol{w}(0)=\boldsymbol{0}$
输入	$\mu_k>0$，$0<<\lambda_\sigma<1$，N_w，$\kappa=2.576$，$0<\alpha<1$，$\beta>0$
算法实现	从时刻 $n=0,1,2,\cdots$ 开始迭代 　对于每个节点 k，执行 　　$e_k(n)=\tilde{d}_k(n)-\tilde{\boldsymbol{x}}_k^{\mathrm{T}}(n)\boldsymbol{w}_k$

续表

算法实现	$\boldsymbol{A}_k^e(n)=(e_k^2(n),e_k^2(n-1),\cdots,e_k^2(t-N_w+1))$ $\sigma_{e,k}^2(n)=\lambda_\sigma\sigma_{e,k}^2(n-1)+C(1-\lambda_\sigma)\text{median}(\xi_k(n))$ $\varepsilon_k(n)=\kappa\sigma_{e,k}(n)$ $\boldsymbol{\psi}_k(n)=\begin{cases}\boldsymbol{w}_k(n-1)+\mu_k(n-1)\dfrac{\lVert\bar{\boldsymbol{w}}_k(n-1)\rVert_2^2 e_k(n)\tilde{\boldsymbol{x}}_k(n)+e_k^2(n)\boldsymbol{w}_k(n-1)}{\lVert\bar{\boldsymbol{w}}_k(n-1)\rVert_2^4}, & \lvert e_k(n)\rvert<\xi_k(n)\\ \boldsymbol{w}_k(n-1), & \lvert e_k(n)\rvert\geqslant\xi_k(n)\end{cases}$ $\boldsymbol{w}_k(n)=\sum_{m\in\mathcal{N}_k}c_{m,k}\boldsymbol{\psi}_m(n)$ $\chi_k(n)=\begin{cases}\alpha\mu_k(n-1)+\beta\dfrac{e_k^2(n)}{\lVert\bar{\boldsymbol{w}}_k(n-1)\rVert_2^2}, & \lvert e_k(n)\rvert<\xi_k(n)\\ \chi_k(n-1), & \lvert e_k(n)\rvert\geqslant\xi_k(n)\end{cases}$ $\chi_k(n)=\begin{cases}\mu_{\max}, & \chi_k(n)>\mu_{\max}\\ \mu_{\min}, & \chi_k(n)<\mu_{\min}\\ \chi_k(n), & \text{其他}\end{cases}$ $\mu_k(n)=\sum_{m\in\mathcal{N}_k}c_{m,k}\chi_m(n)$

6.3 DTLMM 算法的理论性能分析

本节详细地推导和分析了 DTLMM 算法的局部均值稳定性和稳态均方性能。为简化分析，引入权重更新概率的概念[96]，即

$$P_{\text{up},k}(n)=P(\lvert e_k(n)\rvert<\xi_k(n)) \tag{6-21}$$

因此，DTLMM 算法的权重更新形式可以等价地表示为

$$\boldsymbol{\psi}_k(n)=\boldsymbol{w}_k(n-1)+\mu_k P_{\text{up},k}(n)\frac{\lVert\bar{\boldsymbol{w}}_k(n-1)\rVert_2^2 e_k(n)\tilde{\boldsymbol{x}}_k(n)+e_k^2(n)\boldsymbol{w}_k(n-1)}{\lVert\bar{\boldsymbol{w}}_k(n-1)\rVert_2^4} \tag{6-22}$$

$$\boldsymbol{w}_k(n)=\sum_{m\in\mathcal{N}_k}c_{m,k}\boldsymbol{\psi}_m(n) \tag{6-23}$$

在更新概率下，估计误差 $e_k(n)$ 不包含冲击噪声。

为了方便分析过程，以下假设是必要的。

假设 1：输入信号是独立同分布（i.i.d）过程，$\boldsymbol{R}_k=E(\boldsymbol{x}_k(n)\boldsymbol{x}_k^{\mathrm{T}}(n))$ 是正定满秩[97]。

假设 2：输入噪声 $\boldsymbol{\eta}_k(n)$、输出背景噪声 $v_{k,b}(n)$ 和冲击噪声 $v_{k,c}(n)$ 与输入信号 $\boldsymbol{x}_k(n)$ 之间相互独立[96]。

假设 3：权重误差向量 $\tilde{\boldsymbol{w}}_k(n)$ 和输入信号 $\boldsymbol{x}_l(n)$ 相互独立，对于所有 k, l 均成立。这就是常

用于自适应算法的性能分析的独立性假设。

假设 4： 输出噪声由污染高斯（contaminated Gaussian，CG）噪声建模，即 $v_k(n)=v_{k,b}(n)+v_{k,im}(n)$。冲击噪声 $v_{k,im}(n)$ 是由 BG 过程生成的，即 $v_{k,im}(n)=b_k(n)\cdot v_{k,c}(n)$，其中，$b_k(n)$ 的概率密度函数为 $P(b_k(n)=1)=P_{r,k}$ 和 $P(b_k(n)=0)=1-P_{r,k}$，$v_{k,c}(n)$ 是方差为 $\sigma_{c,k}^2$ 的零均值高斯噪声，$P_{r,k}$ 是节点 k 上的冲击噪声发生的概率。$v_{k,b}(n)$ 是方差为 $\sigma_{b,k}^2$ 的零均值高斯噪声，且 $\sigma_{c,k}^2 >> \sigma_{b,k}^2$。因此，输出噪声 $v_k(n)$ 是一个具有零均值、方差为 $\sigma_{v,k}^2=\sigma_{b,k}^2+P_{r,k}\sigma_{c,k}^2$ 的高斯过程[106]。

6.3.1　局部极值点

由式（5-9）、（6-9）可知，在 $\boldsymbol{w}_o$ 处的梯度可表示为

$$\boldsymbol{f}_k(\boldsymbol{w}_o)=-P_{\text{up},k}(\infty)\frac{\|\bar{\boldsymbol{w}}_o\|_2^2 E(e_k^{\boldsymbol{w}_o}(n)\tilde{\boldsymbol{x}}_k(n))+E((e_k^{\boldsymbol{w}_o}(n))^2)\boldsymbol{w}_o}{\|\bar{\boldsymbol{w}}_o\|_2^4} \tag{6-24}$$

基于更新概率 $P_{\text{up},k}(\infty)$，点 $\boldsymbol{w}_o$ 处的估计误差为

$$e_k^{\boldsymbol{w}_o}(n)=\tilde{d}_k(n)-\tilde{\boldsymbol{x}}_k^{\mathrm{T}}(n)\boldsymbol{w}_o=v_{b,k}(n)-\boldsymbol{\eta}_k^{\mathrm{T}}(n)\boldsymbol{w}_o \tag{6-25}$$

根据假设 2，式（6-24）右边的 $E(e_k^{\boldsymbol{w}_o}(n)\tilde{\boldsymbol{x}}_k(n))$ 可以作如下计算：

$$\begin{aligned}E(e_k^{\boldsymbol{w}_o}(n)\tilde{\boldsymbol{x}}_k(n))&=E((v_{b,k}(n)-\boldsymbol{\eta}_k^{\mathrm{T}}(n)\boldsymbol{w}_o)(\boldsymbol{x}_k(n)+\boldsymbol{\eta}_k(n)))\\&=-E(\boldsymbol{\eta}_k(n)\boldsymbol{\eta}_k^{\mathrm{T}}(n)\boldsymbol{w}_o)\\&=-\sigma_{i,k}^2\boldsymbol{w}_o\end{aligned} \tag{6-26}$$

期望值 $E((e_k^{\boldsymbol{w}_o}(n))^2)$ 可以作如下计算：

$$\begin{aligned}E((e_k^{\boldsymbol{w}_o}(n))^2)&=E(v_{b,k}^2(n))+E((\boldsymbol{\eta}_k^{\mathrm{T}}(n)\boldsymbol{w}_o)^2)\\&=E(v_{b,k}^2(n))+E((\boldsymbol{\eta}_k^{\mathrm{T}}(n)\boldsymbol{w}_o)^2)\\&=\sigma_{b,k}^2+\|\boldsymbol{w}_o\|_2^2\sigma_{i,k}^2\\&=\|\bar{\boldsymbol{w}}_o\|_2^2\sigma_{i,k}^2\end{aligned} \tag{6-27}$$

将式（5-26）、（6-26）和式（5-27）、（6-27）代入式（6-24），有

$$\boldsymbol{f}_k(\boldsymbol{w}_o)=-P_{\text{up},k}(\infty)\frac{-\|\bar{\boldsymbol{w}}^o\|_2^2\sigma_{i,k}^2\boldsymbol{w}_o+\|\bar{\boldsymbol{w}}_o\|_2^2\sigma_{i,k}^2\boldsymbol{w}_o}{\|\bar{\boldsymbol{w}}_o\|_2^4}=\mathbf{0} \tag{6-28}$$

由此可知，$\boldsymbol{w}_o$ 是代价函数的一个极值点。为了进一步验证其是否是局部极值点，要进一步计算代价函数的 Hessian 矩阵 $\boldsymbol{H}_{\text{DTLMM},k}(\boldsymbol{w})$。由式（6-6）的定义可知，在 $\boldsymbol{w}\neq\mathbf{0}$ 时，$\boldsymbol{F}_k(\boldsymbol{w})$ 是二阶

连续可微的。因此，可以得到其 Hessian 矩阵：

$$\boldsymbol{H}_{\mathrm{DTLMM},k}(\boldsymbol{w})=\frac{\partial \boldsymbol{F}_k(\boldsymbol{w})}{\partial \boldsymbol{w}\partial \boldsymbol{w}^{\mathrm{T}}}$$

$$=\frac{1}{\|\bar{\boldsymbol{w}}\|_2^2}\left(P_{\mathrm{up},k}(\infty)\tilde{\boldsymbol{R}}_k-P_{\mathrm{up},k}(\infty)E\left(\frac{e_k^2(n)\boldsymbol{I}}{\|\bar{\boldsymbol{w}}\|_2^2}\right)-2\boldsymbol{f}_k(\boldsymbol{w})\boldsymbol{w}^{\mathrm{T}}-2\boldsymbol{w}\boldsymbol{f}_k^{\mathrm{T}}(\boldsymbol{w})\right) \tag{6-29}$$

式中，$\tilde{\boldsymbol{R}}_k=E(\tilde{\boldsymbol{x}}_k(n)\tilde{\boldsymbol{x}}_k^{\mathrm{T}}(n))$ 是输入信号的自相关矩阵。

点 $\boldsymbol{w}_o$ 处的 Hessian 矩阵为

$$\boldsymbol{H}_{\mathrm{DTLMM},k}(\boldsymbol{w}_o)=\frac{1}{\|\bar{\boldsymbol{w}}_o\|_2^2}\left(P_{up,k}(\infty)\tilde{\boldsymbol{R}}_k-P_{up,k}(\infty)E\left(\frac{(e_k^{\boldsymbol{w}_o}(n))^2}{\|\bar{\boldsymbol{w}}_o\|_2^2}\right)\boldsymbol{I}-\right.$$

$$\left.2f_k(\boldsymbol{w}_o)(\boldsymbol{w}_o)^{\mathrm{T}}-2\boldsymbol{w}_o f_k^{\mathrm{T}}(\boldsymbol{w}_o)\right)$$

$$=\frac{P_{\mathrm{up},k}(\infty)}{\|\bar{\boldsymbol{w}}_o\|^2}\boldsymbol{R}_k \tag{6-30}$$

基于假设 1，可知 $\boldsymbol{H}_{\mathrm{DTLMM},k}(\boldsymbol{w}_o)$ 是正定矩阵。因此，$\boldsymbol{w}_o$ 是代价函数的局部最小值点。

6.3.2 均值性能分析

式（6-10）、（5-22）中用瞬时梯度代替真实梯度来进行算法的权重更新，因此在均值分析中应该考虑这种近似所引入的梯度误差[102]。在 $n-1$ 时刻，定义节点 k 的梯度误差为

$$\boldsymbol{r}_k(\boldsymbol{w}_k(n-1))=\hat{\boldsymbol{f}}_k(\boldsymbol{w}_k(n-1))-\boldsymbol{f}_k(\boldsymbol{w}_k(n-1)) \tag{6-31}$$

然后，式（5-22）、（6-14）可以改写为

$$\boldsymbol{\psi}_k(n)=\boldsymbol{w}_k(n-1)-\mu_k(\boldsymbol{f}_k(\boldsymbol{w}_k(n-1))+\boldsymbol{r}_k(\boldsymbol{w}_k(n-1))) \tag{6-32}$$

利用文献[45]中给出的定理 1.2.1，可以得到真实梯度的近似值：

$$\begin{aligned}\boldsymbol{f}_k(\boldsymbol{w}_k(n-1))&\approx-\left(\int_0^1\boldsymbol{H}_{\mathrm{DTLMM},k}(\boldsymbol{w}_o)\mathrm{d}p\right)\tilde{\boldsymbol{w}}_k(n-1)\\&=-\boldsymbol{H}_{\mathrm{DTLMM},k}(\boldsymbol{w}_o)\tilde{\boldsymbol{w}}_k(n-1)\end{aligned} \tag{6-33}$$

当算法达到稳态时，即滤波器系数位于最优解 $\boldsymbol{w}_o$ 的邻域时，$\boldsymbol{r}_k(\boldsymbol{w}_k(n-1))$ 可以近似表示为

$$\begin{aligned}\boldsymbol{r}_k(\boldsymbol{w}_k(n-1)) &\approx \boldsymbol{r}_k(\boldsymbol{w}_o)\\ &= -P_{\mathrm{up},k}(\infty)\frac{\|\bar{\boldsymbol{w}}_o\|_2^2 e_k(n)\tilde{\boldsymbol{x}}_k(n)+e_k^2(n)\boldsymbol{w}_o}{\|\bar{\boldsymbol{w}}_o\|_2^4}\end{aligned} \tag{6-34}$$

将式（5-33）、（6-33）和式（5-34）、（6-34）代入式（5-32）、（6-32）中，可以得到 $\boldsymbol{\psi}_k(n)$ 在 $\boldsymbol{w}_o$ 附近的更新形式为

$$\boldsymbol{\psi}_k(n) = \boldsymbol{w}_k(n-1)+\mu_k(\boldsymbol{H}_{\mathrm{DTLMM},k}(\boldsymbol{w}_o)\tilde{\boldsymbol{w}}_k(n-1)-\boldsymbol{r}_k(\boldsymbol{w}_o)) \tag{6-35}$$

然后，将式（6-35）、（5-35）代入式（6-13）、（5-23），可得节点 k 的权重更新公式为

$$\boldsymbol{w}_k(n) = \sum_{m\in\mathcal{N}_k} c_{m,k}[\boldsymbol{w}_m(n-1)+\mu_m(\boldsymbol{H}_{\mathrm{DTLMM},m}(\boldsymbol{w}_o)\tilde{\boldsymbol{w}}_m(n-1)-\boldsymbol{r}_m(\boldsymbol{w}_o))] \tag{6-36}$$

为了继续展开分析，定义如下全局量：

$$\mathcal{U} \triangleq \mathrm{diag}\{\mu_1\boldsymbol{I}_M,\cdots,\mu_k\boldsymbol{I}_M,\cdots,\mu_N\boldsymbol{I}_M\}$$

$$\mathcal{W}^O \triangleq \mathrm{col}\{\boldsymbol{w}_o,\cdots,\boldsymbol{w}_o,\cdots,\boldsymbol{w}_o\}$$

$$\mathcal{W}(n) \triangleq \mathrm{col}(\boldsymbol{w}_1(n),\cdots,\boldsymbol{w}_k(n),\cdots,\boldsymbol{w}_N(n))$$

$$\mathcal{C} \triangleq \boldsymbol{C}^{\mathrm{T}}\otimes\boldsymbol{I}_M\,,\quad \tilde{\mathcal{W}}(n) \triangleq \mathrm{col}\{\tilde{\boldsymbol{w}}_1(n),\cdots,\tilde{\boldsymbol{w}}_k(n),\cdots,\tilde{\boldsymbol{w}}_N(n)\}$$

$$\mathcal{R} \triangleq \mathrm{col}\{\boldsymbol{r}_1(\boldsymbol{w}_o),\cdots,\boldsymbol{r}_k(\boldsymbol{w}_o),\cdots,\boldsymbol{r}_N(\boldsymbol{w}_o)\}$$

$$\mathcal{H} = \mathrm{diag}\{\boldsymbol{H}_{\mathrm{DTLMM},1}(\boldsymbol{w}_o),\cdots,\boldsymbol{H}_{\mathrm{DTLMM},k}(\boldsymbol{w}_o),\cdots,\boldsymbol{H}_{\mathrm{DTLMM},N}(\boldsymbol{w}_o)\}$$

使用上述定义的全局量，则所有节点的权重更新公式（6-36）、（5-36）可以统一表示为一个全局更新形式，如下所示：

$$\mathcal{W}(n) = \mathcal{C}(\mathcal{W}(n-1)+\mathcal{U}\mathcal{H}\tilde{\mathcal{W}}(n-1)-\mathcal{U}\mathcal{R}) \tag{6-37}$$

令 $\mathcal{W}_o$ 减去式（5-37）、（6-37）两边，得到全局权重误差向量为

$$\tilde{\mathcal{W}}(n) = \mathcal{C}(\boldsymbol{I}_{MN}-\mathcal{U}\mathcal{H})\tilde{\mathcal{W}}(n-1)+\mathcal{C}\mathcal{U}\mathcal{R} \tag{6-38}$$

对式（5-38）、（2-38）两边取数学期望，可得

$$E(\tilde{\mathcal{W}}(n)) = \mathcal{C}(\boldsymbol{I}_{MN}-\mathcal{U}\mathcal{H})E(\tilde{\mathcal{W}}(n-1))+\mathcal{C}\mathcal{U}E(\mathcal{R}) \tag{6-39}$$

其中，$E(\mathcal{R}) \triangleq \mathrm{col}(E(\boldsymbol{r}_1(\boldsymbol{w}_o)),\cdots,E(\boldsymbol{r}_N(\boldsymbol{w}_o)))$。

通过对 $\boldsymbol{r}_k(\boldsymbol{w}_o)$ 的期望运算，可以很容易地计算出任意节点的 $E(\boldsymbol{r}_k(\boldsymbol{w}_o))$，即 $E(\mathcal{R})=\boldsymbol{0}$。则式（5-39）、（6-39）可进一步简化为

$$E(\tilde{\mathcal{W}}(n)) = \mathcal{C}(\boldsymbol{I}_{MN} - \mathcal{UH})E(\tilde{\mathcal{W}}(n-1)) \tag{6-40}$$

若要使算法均值稳定，则需要满足以下条件：

$$\rho(\mathcal{C}(\boldsymbol{I}_{MN} - \mathcal{UH})) < 1 \tag{6-41}$$

式中，$\rho(\cdot)$表示矩阵的谱半径。

由于$\mathcal{C}\mathbf{1} = \mathbf{1}$，$\rho(\mathcal{C})=1$[56]，即必须满足$\boldsymbol{I}_{MN} - \mathcal{UH}$的特征值的幅值小于 1，才能保证算法的局部均值收敛性。经过一些简单的代数运算，推导出节点k处的步长μ_k满足算法稳定收敛的条件为$\left|\lambda_{\max}(\boldsymbol{I}_M - \mu_k \boldsymbol{H}_k(\boldsymbol{w}^o))\right| < 1$[104]，其等价于

$$0 < \mu_k < \frac{2}{\lambda_{\max}(\boldsymbol{H}_k(\boldsymbol{w}^o))} = \frac{2\left\|\bar{\boldsymbol{w}}^o\right\|_2^2}{P_{\mathrm{up},k}(\infty)\lambda_{\max}(\boldsymbol{R}_k)} \tag{6-42}$$

对于每个节点k，$\lambda_{\max}(\boldsymbol{R}_k)$表示矩阵$\boldsymbol{R}_k$的最大特征值。因此，只要所选择的步长值满足式（5-42）、（6-42）给出的步长范围，DTLMM 算法将在均值意义上收敛。在实际中，步长通常设置为正值，且远小于式（6-42）给出的步长上限。

6.3.3 均方性能分析

为了进行均方分析，对式（5-38）、（6-38）求加权范数，并取期望可以得到

$$E(\left\|\tilde{\mathcal{W}}(n)\right\|_{\boldsymbol{K}}^2) = E(\left\|\tilde{\mathcal{W}}(n-1)\right\|_{\boldsymbol{\Gamma}}^2) + E(\left\|\mathcal{R}\right\|_{\boldsymbol{X}}^2) \tag{6-43}$$

式中，$\boldsymbol{K}$是一个任意半正定加权矩阵，$\left\|\tilde{\mathcal{W}}(n-1)\right\|_{\boldsymbol{\Gamma}}^2 \overset{\Delta}{=} \tilde{\mathcal{W}}(n-1)^{\mathrm{T}}\boldsymbol{\Gamma}\tilde{\mathcal{W}}(n-1)$表示加权范数。其中

$$\boldsymbol{\Gamma} = (\boldsymbol{I}_{MN} - \mathcal{UH})\mathcal{C}^{\mathrm{T}}\boldsymbol{K}\mathcal{C}(\boldsymbol{I}_{MN} - \mathcal{UH}), \quad \boldsymbol{X} = \mathcal{UC}^{\mathrm{T}}\boldsymbol{K}\mathcal{CU}$$

利用克罗内克积的性质：

$$\mathrm{vec}\{\boldsymbol{A\Lambda B}\} = (\boldsymbol{B}^{\mathrm{T}} \otimes \boldsymbol{A})\mathrm{vec}\{\boldsymbol{\Lambda}\} \text{ 和 } \mathrm{tr}\{\boldsymbol{AB}\} = \mathrm{vec}\{\boldsymbol{B}^{\mathrm{T}}\}^{\mathrm{T}}\mathrm{vec}\{\boldsymbol{A}\}$$ [107]

对式（5-43）、（6-43）进行向量化操作，可以表示为

$$E(\left\|\tilde{\mathcal{W}}(n)\right\|_{\boldsymbol{\varphi}}^2) = E(\left\|\tilde{\mathcal{W}}(n-1)\right\|_{\gamma\boldsymbol{\varphi}}^2) + (\mathrm{vec}(\boldsymbol{\Psi}))^{\mathrm{T}}\boldsymbol{\Xi}\boldsymbol{\varphi} \tag{6-44}$$

其中

$$\boldsymbol{\varphi} = \mathrm{vec}\{\boldsymbol{K}\}, \quad \gamma = ((\boldsymbol{I}_{MN} - \mathcal{UH})\mathcal{C}^{\mathrm{T}} \otimes (\boldsymbol{I}_{MN} - \mathcal{UH})\mathcal{C}^{\mathrm{T}}), \quad \boldsymbol{\Xi} = (\mathcal{UC}^{\mathrm{T}} \otimes \mathcal{UC}^{\mathrm{T}}),$$

$$\boldsymbol{\Psi} = E(\mathcal{R}\mathcal{R}^{\mathrm{T}}) = \begin{bmatrix} E(\boldsymbol{r}_1(\boldsymbol{w}_o)\boldsymbol{r}_1^{\mathrm{T}}(\boldsymbol{w}_o)) & \cdots & E(\boldsymbol{r}_1(\boldsymbol{w}_o)\boldsymbol{r}_N^{\mathrm{T}}(\boldsymbol{w}_o)) \\ \vdots & & \vdots \\ E(\boldsymbol{r}_N(\boldsymbol{w}_o)\boldsymbol{r}_1^{\mathrm{T}}(\boldsymbol{w}_o)) & \cdots & E(\boldsymbol{r}_N(\boldsymbol{w}_o)\boldsymbol{r}_N^{\mathrm{T}}(\boldsymbol{w}_o)) \end{bmatrix} \tag{6-45}$$

为了计算矩阵$\boldsymbol{\Psi}$，需要计算$E(\boldsymbol{r}_k(\boldsymbol{w}_o)\boldsymbol{r}_k^{\mathrm{T}}(\boldsymbol{w}_o))$和$E(\boldsymbol{r}_k(\boldsymbol{w}_o)\boldsymbol{r}_m^{\mathrm{T}}(\boldsymbol{w}_o))$（$k,m = 1,\cdots,N$）的值[103]。通过计算可得

$$E(\boldsymbol{r}_k(\boldsymbol{w}^o)\boldsymbol{r}_k^{\mathrm{T}}(\boldsymbol{w}^o)) = \frac{P_{up,k}^2(\infty)\sigma_{i,k}^2}{\left\|\bar{\boldsymbol{w}}^o\right\|_2^2}\left[\boldsymbol{R}_k + \sigma_{i,k}^2\boldsymbol{I} - \frac{3\sigma_{i,k}^2\boldsymbol{w}^o\boldsymbol{w}^{o\mathrm{T}}}{\left\|\bar{\boldsymbol{w}}^o\right\|_2^2}\right] \tag{6-46}$$

和

$$E(\boldsymbol{r}_k(\boldsymbol{w}^o)\boldsymbol{r}_m^{\mathrm{T}}(\boldsymbol{w}^o)) = \boldsymbol{0} \tag{6-47}$$

因此，矩阵$\boldsymbol{\varPsi}$可以表示为

$$\boldsymbol{\varPsi} = \begin{bmatrix} E(\boldsymbol{r}_1(\boldsymbol{w}^o)\boldsymbol{r}_1^{\mathrm{T}}(\boldsymbol{w}^o)) & \cdots & \boldsymbol{0} \\ \vdots & & \vdots \\ \boldsymbol{0} & \cdots & E(\boldsymbol{r}_N(\boldsymbol{w}^o)\boldsymbol{r}_N^{\mathrm{T}}(\boldsymbol{w}^o)) \end{bmatrix} \tag{6-48}$$

由上面的讨论可知，如果步长μ_k满足式（5-42）、（6-42），则矩阵$\boldsymbol{I}_{MN} - \boldsymbol{\mathcal{U}}\boldsymbol{\mathcal{H}}$是稳定的。$\boldsymbol{\mathcal{C}}$是一个左随机矩阵，所以可以证明矩阵$(\boldsymbol{I}_{MN} - \boldsymbol{\mathcal{U}}\boldsymbol{\mathcal{H}})\boldsymbol{\mathcal{C}}^{\mathrm{T}}$是稳定的，从而矩阵$\boldsymbol{\gamma}$也是稳定的，因此$\boldsymbol{I}_{M^2N^2} - \boldsymbol{\gamma}$是可逆的。令$\boldsymbol{\varphi} = (\boldsymbol{I}_{M^2N^2} - \boldsymbol{\gamma})^{-1}\mathrm{vec}(\boldsymbol{I}_{MN})$，则可以得到稳态MSD为

$$E(\|\tilde{\boldsymbol{\mathcal{W}}}(\infty)\|_2^2) = (\mathrm{vec}(\boldsymbol{\varPsi}))^{\mathrm{T}}\boldsymbol{\varXi}(\boldsymbol{I}_{M^2N^2} - \boldsymbol{\gamma})^{-1}\mathrm{vec}(\boldsymbol{I}_{MN}) \tag{6-49}$$

最终，可得到理论稳态网络MSD（NMSD）的表达式为

$$\begin{aligned}\mathrm{NMSD}(\infty) &= \frac{1}{N}E(\|\tilde{\boldsymbol{\mathcal{W}}}(\infty)\|_2^2) \\ &= \frac{1}{N}(\mathrm{vec}(\boldsymbol{\varPsi}))^{\mathrm{T}}\boldsymbol{\varXi}(\boldsymbol{I}_{M^2N^2} - \boldsymbol{\gamma})^{-1}\mathrm{vec}(\boldsymbol{I}_{MN})\end{aligned} \tag{6-50}$$

6.3.4　稳态权重更新概率$P_{\mathrm{up},k}(\infty)$的计算

为了能够计算出DTLMM算法的均值稳定步长范围及稳态NMSD，需要计算式（6-21）、（5-21）中定义的稳态权重更新概率$P_{\mathrm{up},k}(\infty)$。

在节点k处，应用全概率公式可以得到

$$P_{\mathrm{up},k}(n) = P_{r,k}P(|e_{c,k}(n)| < \xi_k(n)) + (1 - P_{r,k})P(|e_{b,k}(n)| < \xi_k(n)) \tag{6-51}$$

其中，两个误差信号分别为

$$e_{c,k}(n) \triangleq \boldsymbol{x}_k^{\mathrm{T}}(n)\tilde{\boldsymbol{w}}_k(n-1) + v_{b,k}(n) + v_{c,k}(n) - \boldsymbol{\eta}_k^{\mathrm{T}}(n)\boldsymbol{w}_k(n-1) \tag{6-52}$$

和

$$e_{b,k}(n) \triangleq \boldsymbol{x}_k^{\mathrm{T}}(n)\tilde{\boldsymbol{w}}_k(n-1) + v_{b,k}(n) - \boldsymbol{\eta}_k^{\mathrm{T}}(n)\boldsymbol{w}_k(n-1) \tag{6-53}$$

基于中心极限定理[81]，当滤波器阶数$M >> 1$时，$\boldsymbol{x}_k^{\mathrm{T}}(n)\tilde{\boldsymbol{w}}_k(n-1)$和$\boldsymbol{\eta}_k^{\mathrm{T}}(n)\boldsymbol{w}_k(n-1)$近似服从零均值高斯分布。因此，根据假设2至假设4，$e_{c,k}(n)$和$e_{b,k}(n)$也服从零均值高斯分布，此时式（5-51）、（6-51）可以表示为

$$P_{\mathrm{up},k}(n)=P_{r,k}\mathrm{erf}\left(\frac{\xi_k(n)}{\sqrt{2}\sigma_{e_{c,k}}(n)}\right)+(1-P_{r,k})\mathrm{erf}\left(\frac{\xi_k(n)}{\sqrt{2}\sigma_{e_{b,k}}(n)}\right) \tag{6-54}$$

其中

$$\sigma^2_{e_{c,k}}(n)\triangleq \mathrm{tr}(\tilde{\boldsymbol{W}}_k(n-1)\boldsymbol{R}_k(n))+\sigma^2_{c,k}+\delta^2_{b,k}+\sigma^2_{i,k}\sigma^2_{w,k}$$

$$\sigma^2_{e_{b,k}}(n)\triangleq \mathrm{tr}(\tilde{\boldsymbol{W}}_k(n-1)\boldsymbol{R}_k(n))+\sigma^2_{b,k}+\sigma^2_{i,k}\sigma^2_{w,k}$$

$$\tilde{\boldsymbol{W}}_k(n-1)=E(\tilde{\boldsymbol{w}}_k(n-1)\tilde{\boldsymbol{w}}_k^{\mathrm{T}}(n-1))$$

权重向量的方差 $\sigma^2_{w,k}=E(\|\boldsymbol{w}_k(n-1)\|_2^2)$ 可以通过 $\hat{\sigma}^2_{w,k}=\delta\hat{\sigma}^2_{w,k}+(1-\delta)\|\boldsymbol{w}_k(n-1)\|_2^2$ 得到[108]，δ=0.99 是遗忘因子。阈值 $\xi_k(n)$ 由 $\xi_k(n)=\kappa\sigma_{e_{b,k}}(n)$ 计算得到。当算法收敛至稳态时，引入下列近似：

$$\sigma^2_{e_{c,k}}(\infty)\approx\sigma^2_{c,k}+\sigma^2_{i,k}\hat{\sigma}^2_{w,k}\approx\sigma^2_{c,k}\text{ ，}\quad\sigma^2_{e_{b,k}}(\infty)\approx\sigma^2_{b,k}+\sigma^2_{i,k}\hat{\sigma}^2_{w,k}$$

由于在小步长时，$\mathrm{tr}(\tilde{\boldsymbol{W}}_k(n-1)\boldsymbol{R}_k(n))<\{\sigma^2_{b,k},\sigma^2_{i,k}\hat{\sigma}^2_{w,k}\}\ll\sigma^2_{c,k}$。因此，稳态 $P_{\mathrm{up},k}(\infty)$ 计算如下：

$$P_{\mathrm{up},k}(\infty)=P_{r,k}\mathrm{erf}\left(\frac{\kappa\sqrt{\sigma^2_{b,k}+\sigma^2_{i,k}\hat{\sigma}^2_{w,k}}}{\sqrt{2}\sigma_{c,k}}\right)+(1-P_{r,k})\mathrm{erf}\left(\frac{\kappa}{\sqrt{2}}\right) \tag{6-55}$$

6.4 计算机仿真

本节通过计算机仿真实验来验证 DTLMM 算法理论分析结果的准确性以及相对于其他算法的优越性能。在具有 $N=10$ 个节点的扩散型分布式网络中进行算法仿真，其拓扑结构如图 6-1 所示。将网络 MSD（NMSD）作为算法的性能评价指标，即 $\mathrm{NMSD}(n)=\dfrac{1}{N\sum_{k=1}^{N}\mathrm{MSD}_k(n)}$。$\boldsymbol{w}_o$ 是由均匀分布 U~[−0.5, 0.5]生成的向量并进行归一化，其维度为 $M=8$。选择合适的步长使所比较的算法有着相同的初始收敛速度。仅考虑组合步骤中的节点合作，采用 Metropolis 规则生成组合系数 $\{c_{m,k}\}$：

$$c_{m,k}=\begin{cases}\dfrac{1}{\max\{n_m,n_k\}}, & m\in N_k, m\neq k\\ 1-\sum\limits_{m\in N_k}c_{m,k}, & m=k\\ 0, & \text{其他}\end{cases} \tag{6-56}$$

式中，n_k 表示节点 k 的邻居节点数，包括其本身。

图 6-2 给出了不同节点的高斯输入信号的方差 $\sigma^2_{x,k}$ 和相关输入信号的相关系数 α_k。图 6-3 给出了输入噪声方差 $\sigma^2_{i,k}$、输出噪声方差 $\sigma^2_{b,k}$ 和输入噪声方差 $\sigma^2_{i,k}$ 之比 γ_k 的值。冲击噪声方差

设为 $\sigma_{c,k}^2 = 1000\sigma_{b,k}^2$，为简单起见，所有节点的冲击噪声发生概率设置为相同的值，即 $P_{r,k} = p_r$。

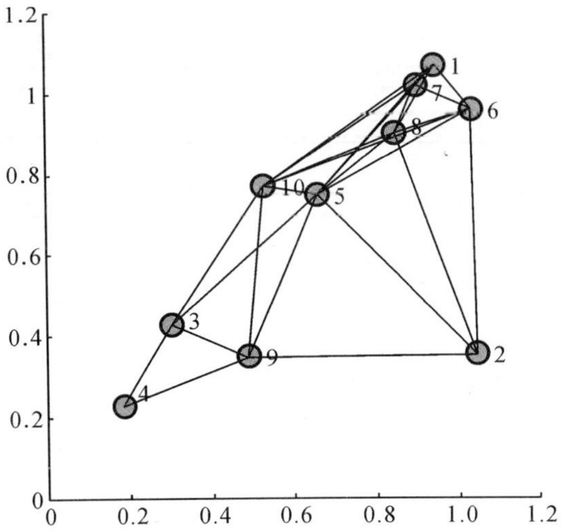

图 6-1　拓扑结构

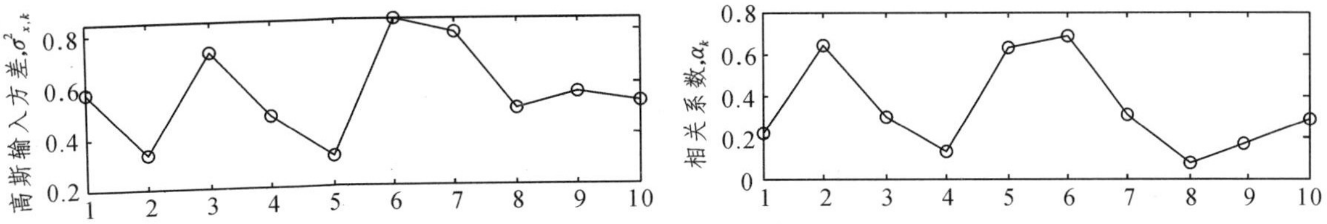

（a）节点 k　　（b）节点 k

图 6-2　不同节点处 $\sigma_{x,k}^2$ 和 α_k 的值

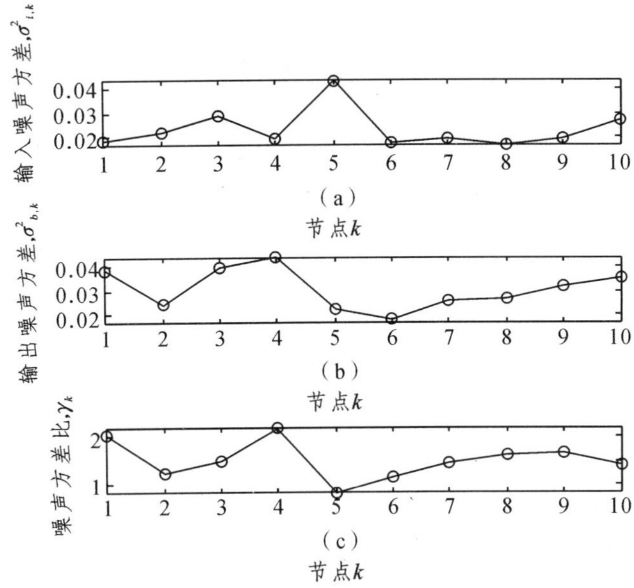

图 6-3　不同节点处 $\sigma_{i,k}^2$，$\sigma_{b,k}^2$ 和 γ_k 的值

6.4.1 参数选择

首先讨论 DTLMM 算法的 M 估计函数中的参数 κ，λ_σ 和 N_w 对算法收敛性能的影响。选择冲击噪声发生概率 $P_r = 0.05$，步长 $\mu_k = \mu = 0.035$。DTLMM 算法在不同参数下的性能曲线如图 6-4~图 6-6 所示。

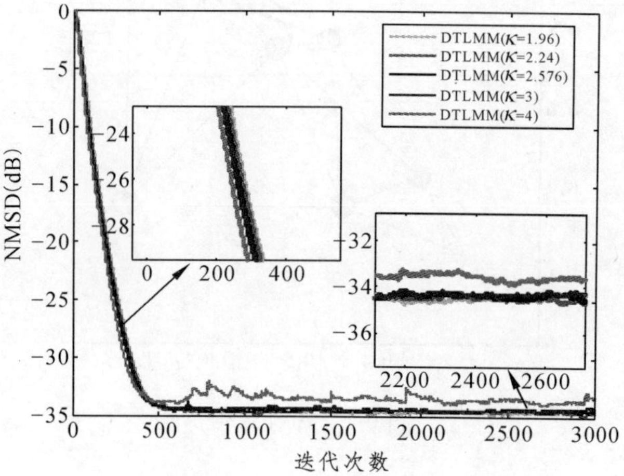

图 6-4 不同 κ 值下 DTLMM 算法的性能曲线

注：$\lambda_\sigma = 0.99$ 和 $N_w = 8$。

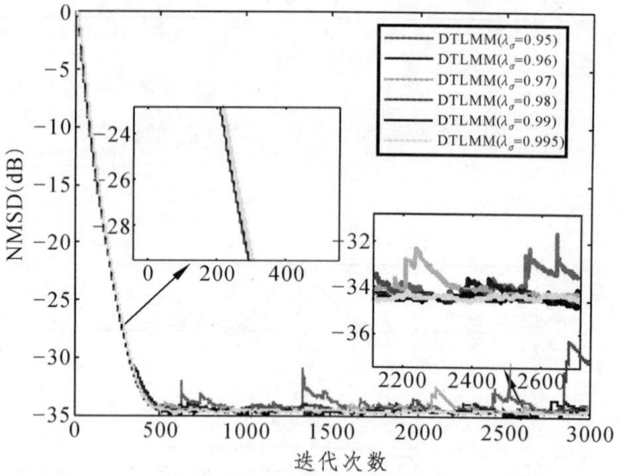

图 6-5 不同 λ_σ 值下 DTLMM 算法的性能曲线

注：$\kappa = 2.576$ 和 $N_w = 8$。

图 6-4 展示了参数 κ 对 DTLMM 算法性能的影响。从图 6-4 可以看出，随着参数 κ 的增加，算法的收敛速度加快，但其鲁棒性也相应变差。因此，为了保证算法的快速收敛，κ 的值不应太小；为了确保 DTLMM 算法对冲击噪声的鲁棒性，κ 的值不应太大。基于这个原则，选择典型值 $\kappa = 2.576$。图 6-5 比较了 DTLMM 算法在不同 λ_σ 下的收敛性能。结果表明，较小的 λ_σ 会导致算法具有更差的鲁棒性能，而较大的值会减慢算法的收敛速度，因此将其设置为 $\lambda_\sigma = 0.99$。图 6-6 是参数 N_w 对算法性能影响的仿真图。通过比较可以得出，不同的 N_w 对算

法的收敛速度影响较小，主要影响算法的鲁棒性。N_w 值越大，其鲁棒性越好，但复杂度也随之增加。为了更好地体现 DTLMM 算法的性能，在仿真中选择 $N_w = 8$。从以上仿真结果可以得出结论，M 估计函数中的 3 个重要参数对 DTLMM 算法的收敛速度影响不大，而主要影响算法的鲁棒性。因此，在后续仿真中，采用上述给出的参考值基本可以保证 DTLMM 算法具有优良的收敛性能。

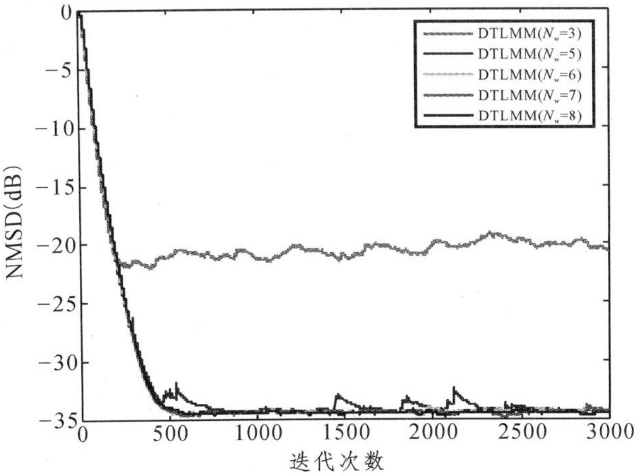

图 6-6　不同 N_w 值下 DTLMM 算法的性能曲线

注：$\kappa = 2.576$ 和 $\lambda_\sigma = 0.99$。

6.4.2　高斯输入下算法的性能

本实验在高斯输入信号下比较了 DLMS[6]、DLMM[96]、DGDTLS[100]算法以及本章提出的 DTLMM 和 VSS-DTLMM 算法。每个节点的输入信号由零均值高斯过程产生，方差如图 6-2 所示。噪声信号的方差如图 6-3 所示。对于 VSS-DTLMM 算法，步长参数设置为 $\mu_{\max} = 0.08$ 和 $\mu_{\min} = 0.001$。采用两种冲击噪声发生概率 0.01 和 0.05，比较结果如图 6-7 所示。

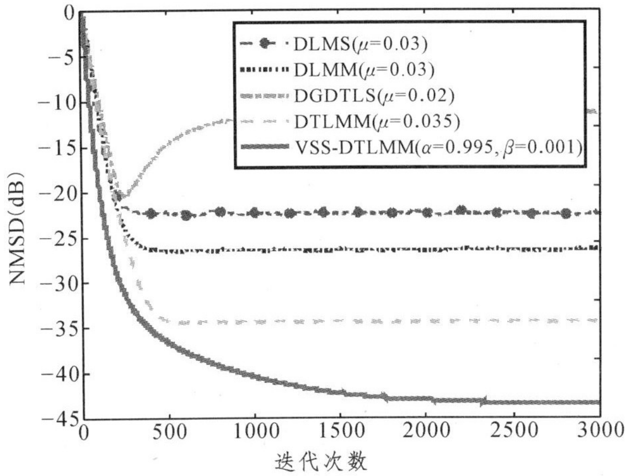

（a）$P_r = 0.01$

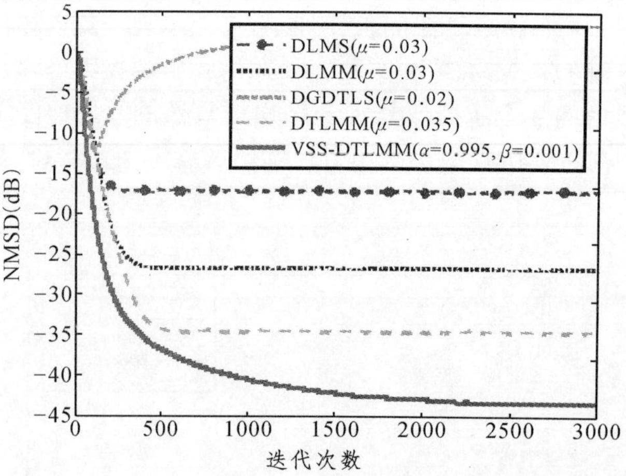

（b）$P_r = 0.05$

图 6-7　高斯输入信号下各算法的 NMSD 学习曲线

从图 6-7 中的对比结果可以看出，当输出噪声含有冲击噪声时，DGDTLS 算法的收敛行为极大恶化，当冲击噪声发生概率为 0.05 时，DGDTLS 算法出现发散。而 DTLMM 算法增强了 DGDTLS 算法的鲁棒性，VSS-DTLMM 算法的收敛性能更好。当冲击噪声发生概率越大时，DGDTLS 算法的收敛性能越差，则 DTLMM 算法的表现越佳，也体现出更好的鲁棒性。

6.4.3　AR（1）输入信号下算法的性能

本实验比较了 DLMS、DLMM、DGDTLS 以及 DTLMM 和 VSS-DTLMM 算法在相关输入信号下的收敛性能。相关输入信号由 AR（1）模型：$x_k(n) = \alpha_k x_k(n-1) + \vartheta(n)$ 生成，其中 $\vartheta(n)$ 是零均值、单位方差的白色高斯过程，α_k 是相关系数。其他仿真条件与 6.4.2 节相同。仿真比较结果如图 6-8 所示，可以得出结论：与高斯输入信号下的仿真结果相比，在相关输入下，所有算法的收敛速度都会变慢，算法的稳态偏差都有所增加。而 DTLMM 和 VSS-DTLMM 算法仍然保持着优异的收敛性和鲁棒性。

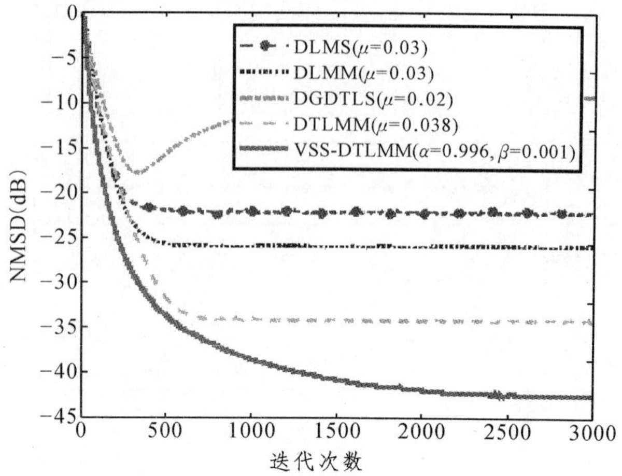

（a）$P_r = 0.01$

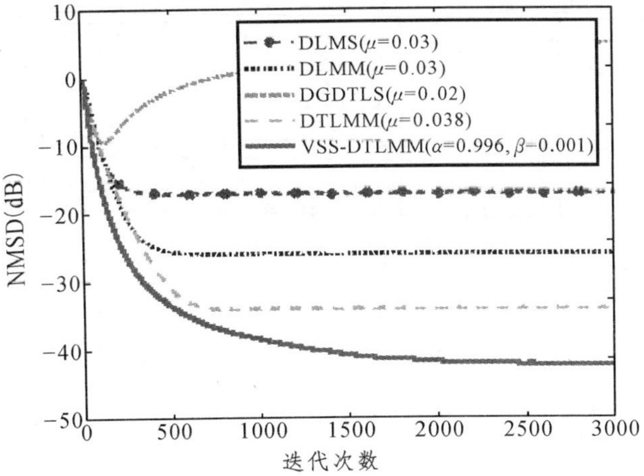

（b）$P_r = 0.05$

图 6-8　AR（1）输入信号下各算法的 NMSD 学习曲线

6.4.4　与 DMTC 算法的性能比较

本实验将 DTLMM 和 VSS-DTLMM 算法与 DMTC 算法[104]进行了性能比较。为了更好地体现 DTLMM 算法的性能，给出了不同核宽下的 DMTC 算法学习曲线。其他仿真条件与 6.4.2 节相同。仿真结果如图 6-9 所示，通过仿真可以看出，DMTC 算法的收敛性能易受核宽的影响，在冲击噪声发生概率为 $P_r = 0.01$ 时，核宽为 0.3 和 1.5 时 DMTC 算法具有较高的 NMSD，在冲击噪声发生概率为 $P_r = 0.05$ 时，核宽为 1 和 1.5 时 DMTC 算法具有较高的 NMSD。DTLMM 算法的稳态偏差稍低于 DMTC 算法，而 VSS-DTLMM 算法的收敛性能则明显优于 DMTC 算法。

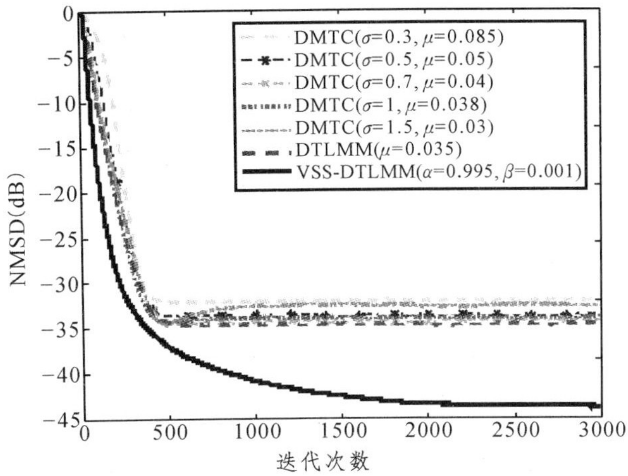

（a）$P_r = 0.01$

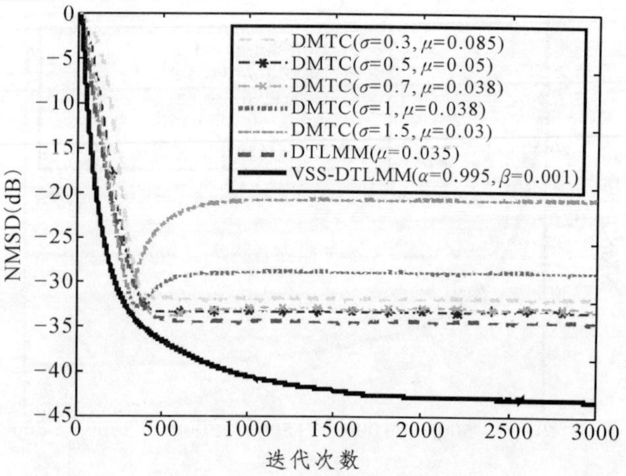

（b）$P_r = 0.05$

图 6-9　高斯输入信号下鲁棒 DTLS 类算法的 NMSD 学习曲线

6.4.5　DTLMM 算法的理论性能验证

本实验比较了 DTLMM 算法在不同步长下的理论和仿真稳态 NMSD 值。仿真条件与 6.4.2 节相同。图 6-10 给出了不同步长下 DTLMM 算法的理论 NMSD 和仿真 NMSD 值的对比结果。当步长从 0.01 增大到 0.1，DTLMM 算法的理论 NMSD 和仿真 NMSD 均逐渐增大，并且两条曲线高度吻合，这也验证了 DTLMM 算法理论性能分析结果的准确性。图 6-11 给出了在步长值分别为 0.08，0.05，0.03 下 DTLMM 算法的理论 NMSD 和仿真 NMSD 值及 VSS-DTLMM 算法的仿真曲线。通过观察可知，两者的稳态 NMSD 完全吻合，证明了理论分析推导出的 NMSD 值的正确性，证明了 VSS-DTLMM 算法的性能优越性。

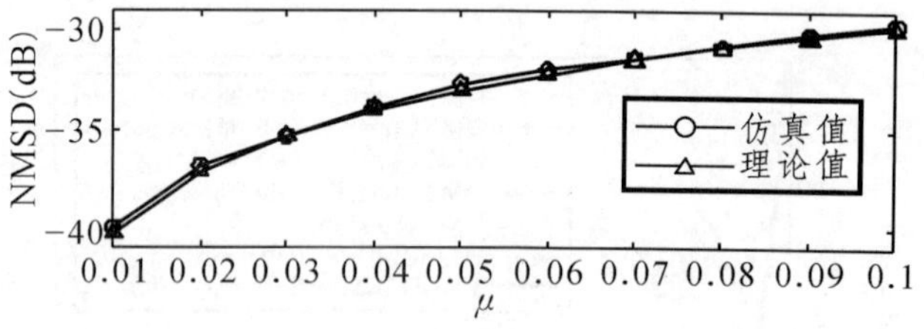

（a）$P_r = 0.01$

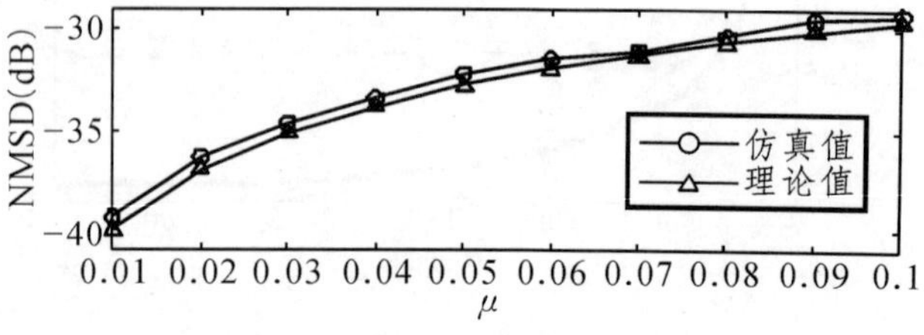

（b）$P_r = 0.05$

图 6-10　不同步长下 DTLMM 算法的理论和仿真稳态 NMSD 拟合曲线

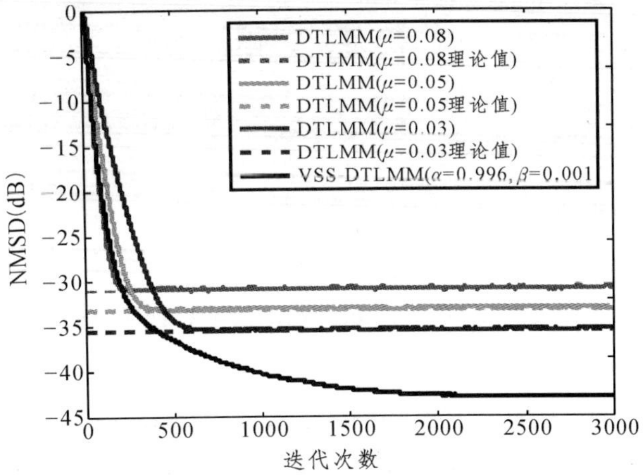

（a）$P_r = 0.01$

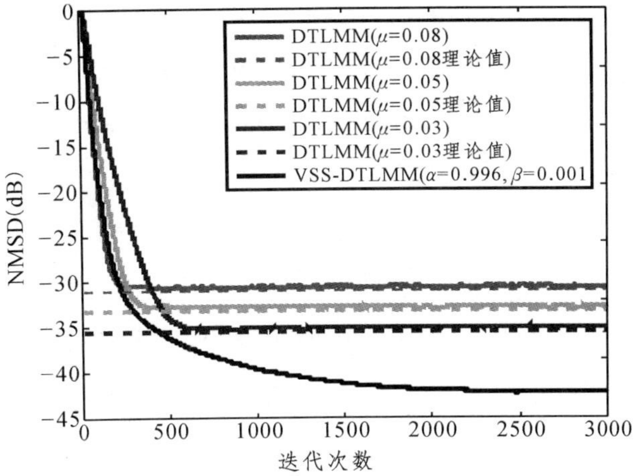

（b）$P_r = 0.05$

图 6-11　DTLMM 算法的理论 NMSD 值和仿真 NMSD 学习曲线及 VSS-DTLMM 算法的仿真瞬态学习曲线

参考文献

[1] A H Sayed. Fundamentals of adaptive filtering[M]. New York: IEEE Press Wiley-Interscience, 2003.

[2] Y Xia, S Douglas, D Mandic. Adaptive frequency estimation in smart grid applications: exploiting noncircularity and widely linear adaptive estimators[J]. IEEE Signal Process. Mag., 2012, 29(5): 44-54.

[3] A H Sayed. Adaptive networks[J]. Proc. IEEE, 2014, 102(4): 460-497.

[4] A Aliabadi, M Chehel Amirani, C Ghobadi. Theoretical performance analysis of sparse system identification using incremental and diffusion strategies over adaptive networks[J]. Wirel. Pers. Commun., 2019, 109(2): 1181-1193.

[5] C G Lopes, A H Sayed. Incremental Adaptive strategies over distributed networks[J]. IEEE Trans. Signal Process., 2007, 55(8): 4064-4077.

[6] C G Lopes, A H Sayed. Diffusion least-mean squares over adaptive networks: formulation and performance analysis[J]. IEEE Trans. Signal Process., 2008, 56(7): 3122-3136.

[7] I D Schizas, G Mateos, G B Giannakis. Distributed LMS for consensus-based in-network adaptive processing[J]. IEEE Trans. Signal Process., 2009, 57(6): 2365-2382.

[8] S-Y Tu, A H Sayed. Diffusion strategies outperform consensus strategies for distributed estimation over adaptive networks[J]. IEEE Trans. Signal Process., 2012, 60(12): 6217-6234.

[9] T Söderström. Errors-in-variables methods in system identification[J]. Automatica, 2007, 43(6): 939-958.

[10] R Arablouei, S Werner, K Dogancay. Analysis of the gradient-descent total least-squares adaptive filtering algorithm[J]. IEEE Trans. Signal Process., 2014, 62(5):1256-1264.

[11] C E Davila. An efficient recursive total least squares algorithm for FIR adaptive filtering[J]. IEEE Trans. Signal Process., 1994, 42(2): 268-280.

[12] R Arablouei, K Dogancay, S Werner. Recursive total least-squares algorithm based on inverse power method and dichotomous coordinate-descent iterations[J]. IEEE Trans. Signal Process., 2015, 63(8): 1941-1949.

[13] G A Williamson, P M Clarkson, W A Sethares. Performance characteristics of the median

LMS adaptive filter[J]. IEEE Trans. Signal Process., 1993, 41(2): 667-680.

[14] P G Georgiou, P Tsakalides, C Kyriakakis. Alpha-stable modeling of noise and robust time-delay estimation in the presence of impulsive noise[J]. IEEE Trans. Multimed., 1999, 1(3): 291-301.

[15] Y Zou, S Chan, T Ng. Least mean M-estimate algorithms for robust adaptive filtering in impulse noise[J]. IEEE Trans. Circuits Syst. Ⅱ Analog Digit. Signal Process., 2000, 47(12): 1564-1569.

[16] M O Sayin, N D Vanli, S S Kozat. A Novel Family of adaptive filtering algorithms based on the logarithmic cost[J]. IEEE Trans. Signal Process., 2014, 62(17): 4411-4424.

[17] 赵海全, 李磊. 一种抗冲击噪声的对数总体最小二乘自适应滤波算法[J]. 电子与信息学报, 2021, 43(2): 284-288.

[18] L Lu, L Chen, Z Zheng, e tal. Behavior of the LMS algorithm with hyperbolic secant cost[J]. J. Frankl. Inst., 2020, 357(3): 1943-1960.

[19] S Radhika, A Chandrasekar. Maximum Correntropy criteria adaptive filter with adaptive step size[J]. //2018 IEEE International Conference on Computational Intelligence and Computing Research (ICCIC), Madurai, India, Dec. 2018:1-4.

[20] M K Varanasi, B Aazhang. Parametric generalized Gaussian density estimation[J]. J. Acoust. Soc. Am., 1989, 86(4): 1404-1415.

[21] B Chen, J C Principe, J Hu, e tal. Stochastic information gradient algorithm with generalized gaussian distribution model[J]. J. Circuits Syst. Comput., 2012, 21(1):1250006.

[22] B Chen, L Xing, H Zhao, e tal. Generalized correntropy for robust <?pub_newline ?> adaptive filtering[J]. IEEE Trans. Signal Process., 2016, 64(13): 3376-3387.

[23] A Singh, J C Principe. Using correntropy as a cost function in linear adaptive filters[J]. in 2009 International Joint Conference on Neural Networks, Atlanta, Ga, USA, 2009: 2950-2955.

[24] J Cheer, S J Elliott. Multichannel control systems for the attenuation of interior road noise in vehicles[J]. Mech. Syst. Signal Process., 2015, 60-61:753-769.

[25] S M Kuo, S Mitra, Woon-Seng Gan. Active noise control system for headphone applications[J]. IEEE Trans. Control Syst. Technol., 2006, 14(2): 331-335.

[26] L Zhang, J Tao, X Qiu. Active control of transformer noise with an internally synthesized reference signal[J]. J. Sound Vib., 2012, 331(15): 3466-3475.

[27] S M Kuo, D R Morgan. Active noise control systems: algorithms and DSP implementations[M]. New York: Wiley, 1996.

[28] R Leahy, Zhenyu Zhou, Yung-Chih Hsu. Adaptive filtering of stable processes for active attenuation of impulsive noise[J].//1995 International Conference on Acoustics, Speech, and Signal Processing, Detroit, MI, USA, 1995, 5: 2983-2986.

[29] L Wu, H He, X Qiu. An active impulsive noise control algorithm with logarithmic transformation[J]. IEEE Trans. Audio Speech Lang. Process., 2011, 19(4): 1041-1044.

[30] W Liu, P P Pokharel, J C Principe. Correntropy: properties and applications in non-gaussian signal processing[J]. IEEE Trans. Signal Process., 2007, 55(11): 5286-5298.

[31] L Lu, H Zhao. Active impulsive noise control using maximum correntropy with adaptive kernel size[J]. Mech. Syst. Signal Process., 2017, 87:180-191.

[32] B Chen, J C Principe. Maximum correntropy estimation is a smoothed MAP estimation[J]. IEEE Signal Process. Lett., 2012, 19(8): 491-494.

[33] J C Príncipe. Information theoretic learning: Renyi's entropy and kernel perspectives[M]. New York: Springer, 2010.

[34] M Belge, E L Miller. A sliding window RLS-like adaptive algorithm for filtering alpha-stable noise[J]. IEEE Signal Process. Lett., 2000, 7(4): 86-89.

[35] G T Cinar, J C Principe. Hidden state estimation using the correntropy filter with fixed point update and adaptive kernel size[J]. //The 2012 International Joint Conference on Neural Networks (IJCNN), Brisbane, Australia, 2012:1-6.

[36] M Bergamasco, F Della Rossa, L Piroddi. Active noise control with on-line estimation of non-Gaussian noise characteristics[J]. J. Sound Vib., 2012, 331(1): 27-40.

[37] S S Haykin. Adaptive filter theory[M]. 4th ed.. Upper Saddle River, N.J: Prentice Hall, 2002.

[38] D P Das, G Panda. Active mitigation of nonlinear noise processes using a novel filtered-s lms algorithm[J]. IEEE Trans. Speech Audio Process., 2004, 12(3): 313-322.

[39] P Shen, C Li. Minimum total error entropy method for parameter estimation[J]. IEEE Trans. Signal Process., 2015, 63(15): 4079-4090.

[40] F Wang, Y He, S Wang, e tal. Maximum total correntropy adaptive filtering against heavy-tailed noises[J]. Signal Process., 2017, 141:84-95.

[41] L Li, H Zhao. A robust total least mean M-estimate adaptive algorithm for impulsive noise suppression[J]. IEEE Trans. Circuits Syst. Ⅱ Express Briefs, 2020, 67(4): 800-804.

[42] G H Golub, C F van Loan. An analysis of the total least squares problem[J]. SIAM J. Numer. Anal., 1980, 17(6): 883-893.

[43] D-Z Feng, W X Zheng. Fast approximate inverse power iteration algorithm for adaptive total least-squares FIR filtering[J]. IEEE Trans. Signal Process., 2006, 54(10): 4032-4039.

[44] R H Kwong, E W Johnston. A variable step size LMS algorithm[J]. IEEE Transactionson Signal Processing, 1992, 40(7): 1633-1642.

[45] C T Kelley. Iterative methods for optimization[J]. SIAM, 1999.

[46] K Xiong, S Wang. Robust least mean logarithmic square adaptive filtering algorithms[J]. J. Frankl. Inst., 2019, 356(1): 654-674.

[47] W Wang, H Zhao, K Doğançay, e tal. Robust adaptive filtering algorithm based on maximum correntropy criteria for censored regression[J]. Signal Process., 2019, 160:88-98.

[48] 宋普查，赵海全. 基于最大混合相关熵准则的主动噪声控制算法[J]. 信号处理，2020, 36(6) :942-947.

[49] 赵海全，陈奕达. 广义最大总体相关熵自适应滤波算法[J]. 信号处理，2021, 37(8): 1378-1383.

[50] S Wang, W Wang, K Xiong, e tal. Logarithmic hyperbolic cosine adaptive filter and its performance analysis[J]. IEEE Trans. Syst. Man Cybern. Syst., 2021, 51(4): 2512-2524.

[51] C Liu, M Jiang. Robust adaptive filter with lncosh cost[J]. Signal Process., 2020, 168: 107348.

[52] Y Chen, H Zhao. Hyperbolic secant total least squares adaptive filter algorithm for suppressing impulse noise[J]. in 2021 5th International Conference on Digital Signal Processing, Chengdu China, 2021:169-172.

[53] S Zhang, W X Zheng, J Zhang, e tal. A family of robust M-shaped error weighted least mean square algorithms: performance analysis and echo cancellation application[J]. IEEE Access, 2017, 5:14716-14727.

[54] T Aboulnasr, K Mayyas. A robust variable step-size LMS-type algorithm: analysis and simulations[J]. IEEE Trans. Signal Process., 1997, 45(3): 631-639.

[55] 李磊. 基于总体最小二乘法的自适应滤波算法研究[D]. 成都：西南交通大学, 2020.

[56] A Sayed. Adaptation, learning, and optimization over networks[J]. Found. Trends® Mach. Learn., 2014, 7(4-5): 311-801.

[57] 马兰申. 自适应网络的分布式估计研究[D]. 苏州：苏州大学, 2014.

[58] S Kar, J M F Moura. Convergence rate analysis of distributed gossip (linear parameter) estimation: fundamental limits and tradeoffs[J]. IEEE J. Sel. Top. Signal Process., 2011, 5(4): 674-690.

[59] Y Yu, H Zhao. Robust incremental normalized least mean square algorithm with variable step sizes over distributed networks[J]. Signal Process., 2018, 144:1-6.

[60] P Petrus. Robust Huber adaptive filter[J]. IEEE Trans. Signal Process., 1999, 47(4):

1129-1133.

[61] F S Cattivelli, A H Sayed. Analysis of spatial and incremental LMS processing for distributed estimation[J]. IEEE Trans. Signal Process., 2011, 59(4): 1465-1480.

[62] I Song, P Park, R W. Newcomb. A normalized least mean squares algorithm with a step-size scaler against impulsive measurement noise[J]. IEEE Trans. Circuits Syst. Ⅱ Express Briefs, 2013, 60(7): 442-445.

[63] I Song, P Park. A variable step-size affine projection algorithm with a step-size scaler against impulsive measurement noise[J]. Signal Process., 2014, 96:321-324.

[64] Y Yu, H Zhao, B Chen, e tal. Two improved normalized subband adaptive filter algorithms with good robustness against impulsive interferences[J]. Circuits Syst. Signal Process., 2016, 35(12): 4607-4619.

[65] J Hur, I Song, P Park. A variable step-size normalized subband adaptive filter with a step-size scaler against impulsive measurement noise[J]. IEEE Trans. Circuits Syst. Ⅱ Express Briefs, 2017, 64(7): 842-846.

[66] L Rey Vega, H Rey, J Benesty, e tal. A new robust variable step-size NLMS algorithm[J].IEEE Trans. Signal Process., 2008, 56(5): 1878-1893.

[67] H-S Lee, S-E Kim, J-W Lee, e tal. A variable step-size diffusion LMS algorithm for distributed estimation[J]. IEEE Trans. Signal Process., 2015, 63(7): 1808-1820.

[68] S Chouvardas, K Slavakis, S Theodoridis. Adaptive robust distributed learning in diffusion sensor networks[J]. IEEE Trans. Signal Process., 2011, 59(10):4692-4707.

[69] L Li, J A Chambers, C G Lopes, e tal. Distributed estimation over an adaptive incremental network based on the affine projection algorithm[J]. IEEE Trans. Signal Process., 2010, 58(1): 151-164.

[70] L Shi, H Zhao. Variable step-size distributed incremental normalised LMS algorithm[J]. Electron. Lett., 2016, 52(7): 519-521.

[71] Y Yu, H Zhao. Incremental Mestimate based least-mean algorithm over distributed network[J]. Electron. Lett., 2016，52(14): 1270-1272.

[72] T Panigrahi, G Panda, B Mulgrew. Error saturation nonlinearities for robust incremental LMS over wireless sensor networks[J]. ACM Trans. Sens. Netw., 2015, 11(2): 1-20.

[73] “Int. Telecommun. Union[S]. ITU-T G.168 Standard.” 1997.

[74] J Ni, J Chen, X Chen. Diffusion sign-error LMS algorithm: formulation and stochastic behavior analysis[J]. Signal Process., 2016, 128:142-149.

[75] S M Jung, J-H Seo, P Park. A variable step-size diffusion normalized least-mean-square

algorithm with a combination method based on mean-square deviation[J]. Circuits Syst. Signal Process., 2015, 34(10):3291-3304.

[76] A H Sayed. Diffusion adaptation over networks[J]. in Academic Press Library in Signal Processing, 2014, 3(Elsevier): 323-453.

[77] S P Boyd, L Vandenberghe. Convex optimization[M]. Cambridge, UK; New York: Cambridge University Press, 2004.

[78] J J Jeong, S H Kim, G Koo, e tal. Mean-square deviation analysis of multiband-structured subband adaptive filter algorithm[J]. IEEE Trans. Signal Process., 2016, 64(4): 985-994.

[79] Y-P Li, T-S Lee, B-F Wu. A variable step-size sign algorithm for channel estimation[J]. Signal Process., 2014, 102:304-312.

[80] Y Yu, H Zhao. Novel sign subband adaptive filter algorithms with individual weighting factors[J].Signal Process., 2016, 122:14-23.

[81] T Y Al-Naffouri, A H Sayed. Transient analysis of adaptive filters with error nonlinearities[J]. IEEE Trans. Signal Process., 2003, 51(3): 653-663.

[82] R Price. A useful theorem for nonlinear devices having Gaussian inputs [J]. IEEE Trans. Inf. Theory, 1958, 4(2): 69-72.

[83] D-C Ahn, J-W Lee, S-J Shin, e tal. A new robust variable weighting coefficients diffusion LMS algorithm[J]. Signal Process., 2017 , 131:300-306.

[84] R Arablouei, K Dogancay, S Werner. Reduced-complexity distributed least-squares estimation over adaptive networks[J]. in Signal Processing Advances in Wireless Communications (SPAWC), 2013 IEEE 14th Workshop on, 2013.

[85] Y Yu, H Zhao, R C de Lamare, e tal. Robust distributed diffusion recursive least squares algorithms with side information for adaptive networks[J]. IEEE Trans. Signal Process., 2019, 67(6): 1566-1581.

[86] F S Cattivelli, C G Lopes, A H Sayed. Diffusion recursive least-squares for distributed estimation over adaptive networks[J]. IEEE Trans. Signal Process., 2008, 56(5): 1865-1877.

[87] S Amari. Natural gradient works efficiently in learning[J]. Neural Comput., 1998, 10(2): 251-276.

[88] Y V Zakharov, T C Tozer. Multiplication-free iterative algorithm for LS problem[J]. Electron. Lett., 2004, 40(9): 567.

[89] Jie Liu, Y V Zakharov, B Weaver. Architecture and FPGA design of dichotomous coordinate descent algorithms[J]. IEEE Trans. Circuits Syst. Regul. Pap., 2009, 56(11): 2425-2438.

[90] Y V Zakharov, V H Nascimento. DCD-RLS adaptive filters with penalties for sparse

identification[J]. IEEE Trans. Signal Process., 2013, 61(12): 3198-3213.

[91] Y V Zakharov, G P White, J Liu. Low-complexity RLS algorithms using dichotomous coordinate descent iterations[J]. IEEE Trans. Signal Process., 2008, 56(7): 3150-3161.

[92] Dogancay. Kutluyil. Partial-update adaptive filters and adaptive signal processing : design, analysis and implementation.

[93] L R Vega, H Rey, J Benesty, e tal. A Fast Robust Recursive Least-Squares Algorithm[J]. IEEE Trans. Signal Process., 2009, 57(3): 1209-1216.

[94] N Takahashi, I Yamada, A H Sayed. Diffusion least-mean squares with adaptive combiners: formulation and performance analysis[J]. IEEE Trans. Signal Process., 2010, 58(9): 4795-4810.

[95] L Zhang, Y Cai, C Li, e tal. Variable forgetting factor mechanisms for diffusion recursive least squares algorithm in sensor networks[J]. EURASIP J. Adv. Signal Process., 2017 (1): 57.

[96] Y Yu, H He, T Yang, e tal. Diffusion normalized least mean M-estimate algorithms: design and performance analysis[J]. IEEE Trans. Signal Process., 2020, 68:2199-2214.

[97] W Ma, B Chen, J Duan, e tal. Diffusion maximum correntropy criterion algorithms for robust distributed estimation[J]. Digit. Signal Process., 2016, 58:10-19.

[98] R Abdolee, B Champagne. Diffusion LMS strategies in sensor networks with noisy input data[J]. IEEEACM Trans. Netw., 2016, 24(1):3-14.

[99] A Bertrand, M Moonen, A H Sayed. Diffusion bias-compensated rls estimation over adaptive networks[J]. IEEE Trans. Signal Process., 2011, 59(11):5212-5224.

[100] R Arablouei, S Werner, K Dogancay. Diffusion-based distributed adaptive estimation utilizing gradient-descent total least-squares[C]. in Acoustics, Speech and Signal Processing (ICASSP), 2013 IEEE International Conference on, 2013.

[101] L Lu, H Zhao, B Champagne. Diffusion total least-squares algorithm with multi-node feedback[J]. Signal Process., 2018, 153:243-254.

[102] S Huang, C Li. Distributed sparse total least-squares over networks[J]. IEEE Trans. Signal Process., 2015, 63(11): 2986-2998.

[103] 黄松延. 网络上的分布式自适应估计算法研究[D]. 杭州：浙江大学, 2017.

[104] Y He, F Wang, S Wang, e tal. Maximum total correntropy diffusion adaptation over networks with noisy links[J]. IEEE Trans. Circuits Syst. Ⅱ Express Briefs, 2019, 66(2): 307-311.

[105] H Zhao, Y Chen, S Lv. Robust diffusion total least mean M-estimate adaptive filtering

algorithm and its performance analysis[J]. IEEE Trans. Circuits Syst. Ⅱ Express Briefs, 2022, 69(2): 654-658.

[106] S C Chan, Y Zhou. On the performance analysis of the least mean M-estimate and normalized least mean m-estimate algorithms with Gaussian inputs and additive Gaussian and contaminated Gaussian noises[J]. J. Signal Process. Syst., 2020, 60(1): 81-103.

[107] Abadir K M , Magnus J R. Matrix Algebra[M]. Cambridge University Press, 2005.

[108] Z Zheng, Z Liu, X Lu. Robust normalized subband adaptive filter algorithm against impulsive noises and noisy inputs[J]. J. Frankl. Inst., 2020, 357(5):3113-3134.